APRIL

Yayın No: 138

1. Baskı: Mart, 2015

ISBN: 978-605-5162-46-7

Yayın Yönetmeni
K. Egemen İPEK

Editör
Nazlı Berivan AK

Son Okuma
Melisa KESMEZ

Kapak Tasarım
Eralp GÜVEN

Sayfa Tasarım
Adem ŞENEL

Baskı
Ayrıntı Basımevi
Sertifika No: 13987

Yayın
A.P.R.I.L Yayıncılık
Tarık Zafer Tunaya Sokak
21/3 Gümüşsuyu-Beyoğlu-İSTANBUL
Tel: (00 90) 212 252 94 38
Faks: (00 90) 212 252 94 39
www.aprilyayincilik.com
bilgi@aprilyayincilik.com

Uçan Halıların Ayrodinamik Sorunları

UÇAN HALILARIN AYRO DİNAMİK SORUNLARI

TUNA KİREMİTÇİ

"Karadır kaşların ferman yazdırır,
Bu dert beni diyar diyar gezdirir,
Lokman hekim gelse yaram azdırır,
Yaramı sarmaya yar kendi gelsin."

-Mustafa Tuna, Seyitgazi ve Zonguldak

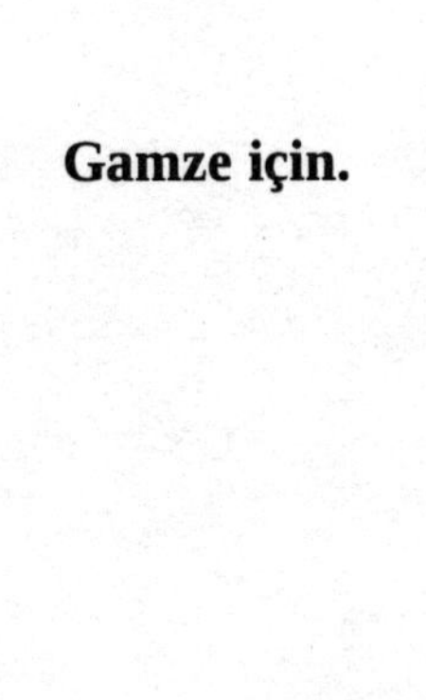

Gamze için.

1

Dünyayı fethedecek bir roman yazmak ne kadar zor olabilir?

Soru Berkay'ın aklına ilk ne zaman gelmişti? Orhan Pamuk'un Nobel konuşmasını dinlerken mi? Yerli yazarların İngilizceye çevrilmiş (ve Amerika'da yayımlanmış) kitaplarına bakarken mi? Elif Şafak'ın biyografisini okurken mi? Natalie Portman'la tanışmayı hayal ederken mi?

Dünyayı fethedecek bir roman yazsa Natalie Portman ile tanışabilirdi. Olaylar dünyayı fethetmişlerin gittiği bir partide geçerdi ve işte fırsat! Kitabının başarısı sayesinde söyleyecekleri kadına ilginç gelebilirdi. Belki de gelecekten bahsederlerdi. Yazacağı bir sonraki dünyayı fethedecek romanın on iki yaşında sigara içen bir kız ya da çatlak bir balerin hakkında olduğunu söylerdi. Yeter ki Natalie dinlesindi. Belki de işler kötü gider ve avucunu yalardı. Ama şu yalan dünyada gerçek bir ilahe tarafından reddedilmiş olurdu. Dünyayı fethetmiş romanlar böyle şanslar yaratırdı. Orhan Pamuk acaba Natalie Portman'ı tanıyor muydu?

"Ne düşünüyorsun arpacı kumrusu gibi?"

Berkay evlilikte dürüstlüğe önem verirdi. Yine öyle yaptı. "Natalie Portman'ı düşünüyorum."

"Aman ne ilginç," dedi karısı.

"Onunla bir partide tanışıp akabinde çılgınlar gibi söyleşiyoruz."

"Bak sen. İyi mi bari?"

"Bir partideyiz. Paparazilere yakalanmaktan korktuğu için rahat davranamıyor."

"Hay Allah. Ben de gidip Leonardo'yu düşüneyim bari."

"Da Vinci'yi kastediyorsan senin için yaşlı kaçabilir."

"Ha ha ha. Yaşlandıkça komikleşiyorsun tatlım. Bunamadan önce mizah öyküleri yazsana!"

Zeynep çiçekleri sulamak için balkona çıkınca Berkay durumun vehametini daha iyi anladı. Karısına Natalie Portman'la takılmak istediğini söylemiş ama reaksiyon alamamıştı. Zeynep kocasının evi barkı Natalie Portman uğruna dağıtmayacağına emindi.

Natalie Portman'ın masadaki renkli dergiden gülümseyen yüzüne baktı. Neden girmişti hayatına?

Kendisini öfkeli hissediyordu. Sadece Natalie'ye değil, karısının balkona doldurduğu bitkilere, evi çılgın müziklere boğan kızına ve bilgisayardaki boş sayfaya. Hiçbiri şaşırmıyordu. Her roman başlangıcındaki kramplardan biri sanıyor ve umursarmış gibi yapıyorlardı. Deli romancının anlayışlı yakınları. Hiçbirinin aklına günün birinde bir tüfek edinip herkesi tek tek zımbalayacağı ve son kurşunu kendine sıkacağı (tabii ki Natalie Portman'la tanıştıktan sonra) gelmiyordu.

"Belki de biraz uzaklaşmanız lazım," dedi sekiz yıllık yayıncısı Janet. "Geçen seferki gibi bir yolculuk yapsanıza."

Karlı bir günde, Taksim'deki Gezi Pastanesi'ndeydiler. Berkay geçen seferi hatırlamak istemiyordu. Ama Janet'in canını sıkmak da istemiyordu. Kadıncağız Afrika yolculuğu ayarlamıştı. Berkay'ın seçtiği ülkenin iç savaşın eşiğindeki bir yer çıkması onun suçu değildi. Tabii isyancılar havaalanını işgal ettiği için ülkede bir hafta mahsur kalması da. Hükümet güçleri isyancıları lav silahıyla yakıp havaalanını geri alana kadar zaman geçmek bilmemişti.

Berkay paçasına yapışan çocuklardan bir sürü muska satın almak zorunda kalmıştı.

Sağ salim dönmeyi başardıktan sonra yazdığı romansa şehir ilişkileri hakkındaydı. İstanbul'da Afrikalı açlara herkes acır ama onlardan bahseden romanları kimse okumazdı. İstanbul'da İstanbullu açlardan bahseden romanları da kimse okumazdı. Açlık ve Knut Hamsun yirmi birinci yüzyılla beraber müzelik olmuştu.

Onun işi otuzar baskı yapacak aşk romanları yazmaktı. Kirli bir işti ama birinin yapması gerekiyordu.

Tam on sekiz çoksatar yazmıştı (her biri en az iki yüz sayfa). On iki yıldır haftalık bir dergiye makale yazıyordu (neresinden baksanız dokuz yüz sayfa eder). Üç yıl boyunca haftada iki gün, bir magazin ekinde köşe yazıları yayımlanmıştı (alın size bin dört yüz sayfa daha). Bu ağaç zayiatından ona kalansa paradan yana sorunsuz bir hayat ve '*Aşk Romanlarının Unutulmaz Yazarı*' lakabıydı.

Berkay kibardı ama saf değildi. Sinsi lakabın niyetinin onunla son nefesine kadar dalga geçmek olduğunu biliyordu. Lakap üçüncü romanı '*Kayıp Yürek*' yayımlandığında kendi kuşağından bir eleştirmen tarafından takılmış ve derhal tutmuştu. Sonuçta hem aşk romanlarının hem de zalim lakapların tuttuğu bir dünyadaydık. Bunu değiştirmek Karındeşen Jack'in bile elinden gelmezdi.

Aşk gibi yüzyıllar önce sömürgeleştirilmiş bir ülkeden hâlâ cevher çıkması bazen Berkay'a da ilginç geliyordu. Yazmayı seviyordu ama aşka inandığından değil. Hayali şeyler gerçeklerden kaçma şansı verdiği için. Üstelik korkaklığınız karşılığında para kazanıyordunuz. Lakap yüzünden başta canı sıkılsa da zamanla dert etmemeyi öğrendi. Şener Şen'in oynadığı '*Aşk Filmlerinin Unutulmaz Yönetmeni*' filmine rastlayınca kanal değiştiriyordu o kadar.

"Berkay Bey, iyi olduğunuza emin misiniz?"

Hâlâ Janet ile pastanede olduklarını unutmuştu, panikleyerek cevap verdi. "Ha, evet. İyiyim."

"İstanbul'un size iyi gelmediğini biliyorum. Biraz uzaklaşmanız fena olmaz. İsterseniz her şeyi ayarlarım, eşinizle konuşup izin almak dahil."

Janet romancı milletine alışkındı. Yine de ona Natalie Portman meselesini açamazdı. Evliyken başka bir kadına tutulmak gibi bir şey değildi bu. Saçma sapan bir şeydi. Her yerde onu görüyordu. Mesajlar aldığını hissediyordu. Sanki kadının başı dertteydi. Yardım edebilecek tek kişi kendisiydi. Yapması gerekense dünyayı fethedecek bir roman yazmaktı. Gerisi kendiliğinden gelecekti. O sırada yan masadaki kızın okuduğu derginin kapağındaki Natalie Portman'ı fark etti: Bakışlarındaki yardım çağrısını.

"Söylesene kızım, ne istiyorsun benden!"

Janet'in yüz ifadesinden, bunu yüksek sesle söylediğini anladı. Toparlamak istedi ama geç kalmıştı. Janet gözlerini pastane logolu peçeteyle silip kalktı. "Özür dilerim, sizi sıkmak istememiştim."

Yayıncısının uzaklaşmasını şaşkınlık içinde izledi. Dergideki Natalie Portman ise "Ne duruyorsun babalık, peşinden gitsene!" der gibiydi. Babalık koştu, karşıya geçmek üzere olan Janet'i yakaladı kolundan.

"Canımı acıtıyorsunuz..." dedi Janet, insanda kendi canını acıtma isteği uyandıran sesiyle.

"Özür dilerim, öyle demek istemedim."

Janet'in gözleri ıslaktı hâlâ. "Sorun değil, belki de fazla baskı yaptım. Bir romana başlamanın nasıl bir bela olduğunu unuttum. Ne istiyorsanız onu yapın, kendinizi iyi hissettiğinizde tekrar konuşuruz."

"Dünyayı fethedecek bir roman yazmak istiyorum."

"Ne?"

"Yani artık aşk romanları yazmak istemiyorum. İngiltere'de, Amerika'da falan okunacak bir şey istiyorum. Anlıyor musun?"

"Anladım..." dedi Janet. Yüzündeki üzüntünün yerini şimdiden mesleki bir kaygı almıştı.

"Yakında elli yaşıma basıyorum. Elli! Yarım yüzyıl! Bugüne kadar tek yaptığım plajda okunacak aşk romanları yazmak."

Janet esprili olmaya çalıştı. "Siz romanın Şeyh Galib'isiniz. Ülkede sizin kadar güzel aşk romanı yazan yok. Okurlarınız sizden bunu bekliyor."

"Şeyh Galib'in canı cehenneme!" dedi Berkay, Atatürk Kültür Merkezi'nin önünde dikilen polislerin bile duyabileceği bir sesle. "Becerebileceğime inanmıyorsun!"

"Hanımefendi, bir sorun mu var?" Polis bir filmde Natalie Portman'ın babasını canlandıran oyuncuya benziyordu. Çaktırmadan yanlarına kadar gelmişti.

"Hayır memur bey, her şey yolunda..." dedi Janet. "Beyefendiyle iş konuşuyorduk."

İşin aslı, işler çığrından çıkmaya başlıyordu.

2

Berkay'ın bıçak koleksiyonu vardı. Geyik boynuzu saplı Sürmene çakısından Yatağan kamasına, Osmanlı hançerinden Baretta bıçaklara 112 harika parça.

Bıçaklarıyla gurur duyardı. Onları çalışma odasındaki dolapta saklardı. Her şey Janet'in koleksiyon yapmasını tavsiye etmesiyle başlamıştı. Böyle bir hobinin Berkay'a iyi geleceğini umuyordu. Ona gazeteden kestiği bir kupürü vermişti.

Aralarında Türkiye'nin ilk yüz naklini gerçekleştirenlerin de bulunduğu doktorlar stresten uzaklaşmak için koleksiyon yapıyordu. Anestezi ve reanimasyon uzmanı Doçent Doktor Burak Aldinç, koleksiyon merakını Anadolu Ajansı muhabirine anlatmıştı.

Çocukluğundan beri Osmanlı ve Cumhuriyet dönemine ilgi duyan Aldinç, Abdulmecid, Abdulaziz, IV. Murat, II. Abdulhamit, Sultan Reşat ve Vahdettin dönemlerinden altın, gümüş ve bakır paralar topladığını söylüyordu. Her parça evladı gibiydi. Bulduğu paraların hikâyelerini de araştırıyordu. Çünkü bunlar yoğun iş temposu içindeki doktoru rahatlatıyordu. Yorgunluğunu ve stresini alıyordu.

Çocuk Gastroenteroloji ve Hepatoloji Öğretim Üyesi Doçent Doktor Canan Cemali ise "Zorlu ameliyatların stresini pullarıma bakarak attım," diyordu. "Koleksiyonerlik deşarj olmak için çok ideal."

Anadolu Üniversitesi Çocuk Sağlığı ve Hastalıkları Öğretim Üyesi Profesör Doktor Hasan Köseoğlu saz koleksiyoncusuydu. Evinin bir odasını Türkiye'nin çeşitli bölgelerinden topladığı sazlara ayırmıştı: "İşimiz bizi rüyalarımızda bile bırakmıyor. Kendimizi rahatlatmanın yolu da farklı bir uğraş bulmak. Saz koleksiyonum beni çok mutlu ediyor."

Berkay okuduklarını mantıklı bulmuştu. Doktor tavsiyesi dediğin işte böyle olurdu.

Sonuçta kendi işi de daha az stresli değildi. Tamam, kimsenin hayatını falan kurtarmıyordu. Ama çok satması gereken romanlar yazmanın gerilimini de yaşamayan bilmezdi. Edebiyat tarihi bu baskı yüzünden oynatmış bedbahtlarla doluydu. Berkay'ın çok şükür öyle dertleri yoktu ama yaşlandıkça kendisini turşu gibi hissettiği oluyordu. Özellikle bir romana başlarken ve kitap yayımlandıktan hemen sonra. Koleksiyonculuk koskoca profesörlere yaradığına göre ona da yarayabilirdi.

"Koleksiyon yaparak ondan kurtulacağını düşünüyorsun, öyle mi?" demişti her hafta ziyaret ettiği kafa doktoru.

"Kimden?"

"Natalie Portman'dan tabii."

"Kimseden kurtulmak istediğim falan yok. Sadece üzerimdeki baskıyı hafifletmek istiyorum. Yayıncı baskısını, okur baskısını, karımın baskısını... Aşk romanı yaza yaza aşktan soğumak istemiyorum. Bu koleksiyon işi bence iyi bir fırsat."

"Madem öyle diyorsun, yap gitsin. Zararı olmaz."

Ne koleksiyonu yapabilirdi? Saz olmazdı, müziğe minör bir yeteneği bile yoktu. Odasının duvarlarını saz dolu hayal edemiyordu. Trompet falan olsa hadi neyseydi. Zaten ona da yeteneği yoktu. Saz konusunu kapattı.

Tarihi para koleksiyonu da fazla alengirliydi. Parayı sadece soyut rakamlardan ibaret olduğunda seviyordu. Osmanlı paralarıyla uğraşmak reanimasyon uzmanları ya da Zeynep gibiler içindi, Berkay için değil. Böylece o seçeneği de elemiş oldu.

Pul konusuna girmek bile istemiyordu.

Henüz Berkay olmadığı çağlarda pul biriktirmeye kalkmış ve gününü görmüştü. Ağabeylerinin ve komşuların maskarası olmuştu. Mahalledeki paçozlar "Ay ilk defa sahiden pul koleksiyonu yapan bir erkek gördük!" diyerek gülüşmüşlerdi. Ölene kadar bir daha pul mul görmek istemiyordu.

Pullar yüzünden karanlık çağlara daldığı sırada, aklına bıçaklar gelmişti. Daha doğrusu, bir bıçak.

Hayatının değişmesine, cehennemden kaçıp Berkay'a dönüşmesine yol açan Bursa çakısı.

Gerçi alet 32 yıldır Haliç'in dibindeydi, muhtemelen planktonlara yem olmuştu. Ama yeri şık bir bıçak koleksiyonuyla pekâlâ doldurulabilirdi. Tabii ya, neden daha önce düşünmemişti!

Yayınevine her gidişinde önünden geçtiği dükkâna uğrayıp hayatını ortadan kesen Bursa çakısının aynısından buldu. O gece çakıyı bilgisayarın yanına koyduğunda çok daha rahat çalıştığını şaşırarak fark etti. Bıçak oradayken aşk cümleleri zihninden parmaklarına, oradan da ekrana akıyordu. Ne stres kalmıştı ne de çuvallama korkusu.

Koleksiyoncuya dönüşmesi fazla zaman almadı. Birkaç ay sonra internet sitelerinde millete tavsiye verir hale gelmişti.

Açık artırma sitelerine giriyordu. Güvenilir mağazaları keşfediyor, bilendikçe bileniyordu. *'Blade length'* nedir, *'handle'* neye denir ondan soruluyordu. Bıçak koleksiyoncularının takıldığı sitelere takma isimle yazıyordu. *'Aşk Romanlarının Unutulmaz Yazarı'* orada tuhaf kaçabilirdi. Zaten bu yüzden sevmişti bıçakları; insana başka birisi olma şansı verdikleri için. Bu Natalie Portman'ın rahatlamak için *hip hop* söylemesi gibi bir şeydi.

Dünyaya bıçak gözüyle bakmaya başlamıştı: Hayat iki ucu keskin bir şeydi. "Bıçak sırtı" ya da "bıçak kemiğe dayanmak" gibi laflar boşuna söylenmemişti. Kuran'da "Her birine bir bıçak verdi, beri taraftan da Yusuf'a 'çık karşılarına' dedi. Görür görmez onu gözlerinde çok büyüttüler ve şaşkınlıkla ellerini kestiler" yazıyordu.

Berkay'ın hoşlanmadığı şeyse İsviçre çakılarıydı. Çok fonksiyonlu hale gelince en önemli şeyi kaybediyordu bıçak: Odak noktasını. Fonksiyonlar onu tutan elde toplanmalıydı, bıçakta değil. Hayatta çakı mı konserve açacağı mı yoksa tırnak makası mı olduğuna karar verememiş insan kadar zavallı bir şey yoktu. Öyleleri körelmeye mahkumdular.

Sonra aklına harika bir fikir daha gelmiş ve garajı bıçak atma talimleri için kullanmaya başlamıştı.

Önceleri dart tahtasına fırlatmıştı. Sonra onun yerine kendisine *'Aşk Romanlarının Unutulmaz Yazarı'* lakabını takan eleştirmenin yüzünü kullanmak daha rahatlatıcı geldi. Adam karşısında sırıtırken ıskalamasına imkân yoktu. Sonra da ne zaman birisi Berkay'ın kitapları hakkında alaycı şeyler yazsa kendisini garajın duvarında buldu.

Bir akşam YouTube'da Çinli bir bıçak ustasının gösterisini izlerken kızı Müge yanına gelmişti. Beraber adamın dönen platforma bağlanmış kıza fırlattığı bıçaklara bakmışlardı.

"Kim bilir bu işi yaparken şişlenmiş kaç kadın vardır," demişti Müge, saklayamadığı bir heyecanla.

"Sanmam. Çünkü aslında bıçak falan fırlatılmıyor."

"Ya ne oluyor?"

"Adam bıçağı atar gibi yapıp kostümüne saklıyor. Tam o sırada platformun içinden bir bıçak çıkıveriyor. Kızın vücudunun hemen dibinde. Biz de gözümüz o kadar hızlı bir hareketi algılayamadığı için bıçak uçup oraya saplandı sanıyoruz. Şimdi görüntüyü yavaşlatıp izleyelim, anlayacaksın."

"Vay canına..."

Müge'nin aklına yaşlı babasının bu kadar keskin zekâlı olabileceği hiç gelmezdi.

3

Dünyayı fethedecek roman meselesi yüzünden o kadar dalgınlaştı ki, doğumgününü unuttu. Işıkları yaktığında bir ağızdan bağrışan davetlilere ve doğumgünü süslerine hayretle baktı. Böyle bir tepki beklemeyen davetliler de aynı şeyi yapınca sürpriz bir sessizlik oldu. Hep birlikte bir yaşlarına daha girdiler.

"Senin için bir parti düzenledik," dedi Zeynep.

Gözlerini dikmiş şakısın diye bekliyorlardı. Sanki partinin sürmesi onun vereceği cevaba bağlıydı. Sanki doğru cevabı yapıştırırsa elli yaşına girmekten ebediyen kurtulacaktı. Sanki dünyadaki tüm ihtiyarlar ellinci doğumgünlerinde karılarının sorduğu soruyu bilememiş olanlardı.

"Hoşuna gitmedi mi?"

Keşke o an deprem olsaydı. Kapıdan içeri kar maskeli teröristler girseydi. Canı sıkılmış polisin teki pencereden içeri gaz bombası atsaydı. Eşyaları havalara uçuracak paranormal bir olay yaşansaydı. Hepsi de içinde bulunduğu durumdan daha insaflı olurdu. Saniyeler geçip mucize gerçekleşmeyince berbat hissetti kendisini.

"Sahiden elli yaşında mıyım?"

Berkay tam elli yıl önce, Kumkapı'daki iki göz evde, beş nüfuslu ailenin en küçüğü olarak doğmak gafletinde bulunmuştu.

Bunu mazur göstermek için ileride on sekiz aşk romanı yazması gerekecekti. Aynı hatayı işlemeyen iki ağabeyi Turabi ve Celayir yazar olmadılar. Makarasına dövdükleri, şamatasına alnını yardıkları kardeşlerini televizyonda görünce şaşırdılar sadece.

Kahvede bangırdayan Müslüm Gürses'i susturup televizyonun sesini açtıklarında, şaşkınlıkları daha da arttı. Kardeşleri 90'lar kadınının yalnızlığından ve ilişkilerdeki nevrotik açmazlardan bahsediyordu. O kadar utandılar ki, ekranda saçmalayan elemanın kardeşleri olduğunu saklamaya karar verdiler. Çek-senet tahsilatı ve fedailikle geçen hayatları gözlerine şahane görünmüştü.

"Niye seyrediyoruz bunu?" dedi kahveci.

"Birine benzettik de."

"Ulan böyle akrabam olsa utancımdan sokağa çıkamam," dedi, kahvecinin çırağı. "Tipe bak, bir de fular bağlamış."

Çırağın niye dayak yediği anlaşılamadı. Fazla da kurcalanmadı. Uysal kardeşlerin sürpriz taşkınlıkları çevrelerince kanıksanmıştı. Onlar mahallenin folklorüydüler.

Anne ve babaları, Berkay evi terk ettikten sonra birer yıl arayla ölmüştü. Turabi ve Celayir bunu fırsat bilmişti. Mezarlıktan döner dönmez dünya nimetlerine dört elle sarılmışlardı. Küçük kardeşin cenazeye gelmemesini dert edemeyecek kadar yoğundular. Üstelik ileride türlü hastalıklarla canlarını sıkacak moruklar da rahmetli olmuştu.

Birkaç yıl sonra, racon kesmek için uğradıkları mekânda viskiyle kızların gelmesini beklerken, barın gerisindeki ekranda gördüler onu. Racon jokerini milleti susturup televizyonun sesini açtırmak için kullandılar. Masalardaki insanlar orada ve o saatte *Edebiyat Duygusu* programını pür dikkat izleyen kardeşlere korkudan ürpererek baktı. Böyle bir manyaklığı ancak birazdan üzerlerine benzin döküp yakacak iki psikopat yapabilirdi.

Geçmek bilmeyen (hem mekândakiler hem de Uysal kardeşler için) on dakikanın ardından, ünlü yazar Berkay Uysal'ın Cumartesi 14.30'da Akmerkez'de imza günü olduğunu öğrendiler.

"Berkay ne lan?" dedi Celayir Uysal.

"Ne bileyim!" diye cevapladı Turabi Uysal. Kardeşinin adının Abidin olduğundan o da en az ağabeyi kadar emindi.

Tam imza gününü basıp kardeşlerini o hayattan ve isimden kurtarma planı yapıyorlardı ki, cırtlak bir ses dikkatlerini dağıttı. "Ulan şerefsiz, sökeceğim ciğerini!"

Konsomatrisin durması gereken köşede durup bağıran, Celayir'in iki aydır takıldığı Yurdagül'ün şaşı ve kel kocasıydı. Şaşılığın ve kelliğin acısına boynuzlanmak da eklenince aklını oynatmıştı. Mecburen bıçaklar konuştu, akıp giden keskin cümlelerin sonuna, zavallı bir nokta halinde yığıldı Yurdagül'ün sekiz yerinden bıçaklanmış kocası. Hangi deliği kimin açtığı teşhis edilemediğinden otuzar yıl yemek zorunda kaldı racon kesmeye gittikleri yerde adam kesen Uysal kardeşler.

Kodeste kardeşlerinin yazdığı on sekiz romanı da okudular. Hiçbirini bir halta benzetemediler. Ama aşk romanı okuyorlar diye onlarla dalga geçmeye kalkan Optik Nuri'yi çok fena benzettiler. Beklenmedik bir şekilde cezaevi nakil aracından kaçtıklarında o günün kardeşlerinin ellinci doğum günü olduğunu bilemezlerdi. Uysal ailesinde böyle şeyler hatırlanmazdı. Ailenin meşhuruna gidilir ve ortalık sakinleşene kadar gereken para istenirdi. Nakil aracında Berkay'ın Nişantaşı'ndaki adresini öğrenecek vakitleri olmuştu.

Kapının zili çaldığında, Berkay dualarının kabul olduğunu sandı. İşte ellinci yaş azabına son verecek mucize! Polisler onu asker kaçağı diye tutuklayacaktı. Yanlışlık anlaşılana kadar çoktan birliğine teslim edilmiş, huzur içinde bıçağıyla patates soyuyor olacaktı.

"Ben açarım!" dedi kızı ve salondan çıktı.

Berkay sabah bıraktığı yerde duran dergideki Natalie Portman'la göz göze geldi. Kadının bakışları değişmişti sanki. "Asıl sürpriz şimdi geliyor babalık!" der gibiydi.

Berkay'ın kızı kapıyı açtığında Danny Trejo kılıklı iki korkutucu adamla karşılaştı. Uysal kardeşler de yeğenlerinin göbekdeliğindeki *piercing*'e hapisten yeni çıkmış bir ilgiyle baktılar.

"Biz Abidin Bey'e bakmıştık," dedi Celayir Uysal.

"Hayır yani, Berkay Bey'e," diye düzeltti Turabi Uysal.

Müge Uysal "İyi de siz kimsiniz?" diye sordu ilk kez gördüğü amcalarına.

"Biz onun ağabeyleriyiz," dedi Celayir ve Turabi aynı anda.

4

Davetliler iki yaşlı gangsterin *'Aşk Romanlarının Unutulmaz Yazarı'*yla kardeş çıkmasına şaşırdılar. Ama aynı zamanda heyecanlanmışlardı: Parti nihayet hareketleniyordu.

Berkay ise gözlerine inanamıyordu. Ellinci doğumgününde elli yaşına girmekten daha kötü ne olabilir diye elli yıl düşünse herhalde aklına kardeşlerinin hortlaması gelmezdi. Bu onun hayal gücünü aşan, *gayrı-romantik* bir kâbustu. Onlarsız geçen yıllarına şükretmediğine pişman oldu. Şu âlemde Allah'ın sopası gibisi yoktu.

"Abidin, canım kardeşim!" diyerek Berkay'a sarıldılar. O kardeşlerinin güçlü kolları arasında nefes almaya çalışırken, davetlilerin aklından şu geçti: "Abidin mi? Berkay diye bildiğimiz Aşk Romanlarının Unutulmaz Yazarı aslında Abidin miymiş? Skandal!"

Zeynep durumu toparlamak istedi. "Hoş geldiniz beyler. Kocamın akrabalarını hep merak etmiştim."

"Allah için, biz de seni merak etmiştik yenge!"

"Nerelerdeydiniz bugüne kadar?"

"Nerede olacak, içerideydik!" diye cevapladı Celayir. Bunun üzerine salonda ilkinden de uzun bir sessizlik oldu.

"Şey, Celayir şakacıdır," diyerek sırıttı Turabi. Ne de olsa kardeşinin kitaplarını o ağabeyinden daha dikkatli okumuştu. Üstelik oradakiler tarafından keşfedilmesi zor da olsa, bir çeşit edebiyat yeteneği vardı. "Hayat insanı çok fena savuruyor. Biz de ekmeğimizin peşinden Kazakistan'a savrulduk. Yıllar sonra dönünce hemen kardeşimizi bulmak istedik."

"Evet, eşek sıpasını çok özledik," dedi Turabi'nin yalanından cesaret alan Celayir. "Kazakistan'da hep yeniden bir aile olmanın hasretiyle yaşadık. Orta Asya steplerinde ırgatlık ettik, ateşi ve ihaneti gördük ama umudumuzu kaybetmedik!"

Berkay ağabeylerinin deli saçması sözlerinin davetlileri etkilediğini fark etti. Nefeslerini tutmuş, geçmişten gelen iki gölgeyi dinliyorlardı. Hatta yayınevinde çalışan gençlerden Ediz kendisini tutamadı. "Vay be, ne hayat ama. Aytmatov öyküsü gibi."

"Aynen!" dedi Turabi, cezaevi kütüphanesinden hacılayarak sayfalarıyla esrar sardığı kitabın yazarını minnetle anıp. "Hatta hayatımızı yazsak Aytmatov romanı olur! Filme çekilse Kadir İnanır oynar! İcabında sevgi nedir? Sevgi emektir!"

"Bir şey içmez miydiniz?" diye sordu Zeynep. Kendisini durumun kontrolü altında olduğuna inandırmaya ihtiyacı vardı.

"Valla bir viskini içeriz yenge!" dedi Celayir. "Yiyecek bir şey var mı? Sabah beri boğazımızdan lokma geçmedi şerefsizim."

"Şu kanepelerden alın, çok lezzetliler."

Labneli kanepelere ve fıstıklı peynir toplarına yumulan iki ağabeyi de yaşlarına rağmen Berkay'dan daha formda görünüyordu. Onun daha erkeksi bir ortamda üretilmiş prototipleri gibiydiler. Çocukluk kâbusları sadece Hades'in ülkesinden çıkagelmekle kalmamıştı. Dünyanın en sıkıcı doğumgünü partisine de renk katmışlardı.

"Ben de sizin yeğeninizim," diyerek adamların ellerini çekingen bir şekilde sıktı Müge.

Turabi ve Celayir, ilk görüşte hastası oldukları göbekdeliğiyle yakın akraba çıkmanın hayal kırıklığıyla sıktılar kızın elini.

"Bu kılıkla üşümüyor musun evladım?" diye sordu Turabi.

Sonuçta parti kurtulmuştu. Bu Nişantaşlılar için İzmir'in düşman işgalinden kurtuluşu kadar süper bir şeydi. Kurtarıcılarına şükranlarını kanepelerini vererek, viskilerini paylaşarak, anlattıkları uyduruk Kazakistan anılarına inanarak göstermeye hazırdılar.

Janet ise gurbetçiden başka her şeye benzeyen ve kendisine yiyecek gibi bakan bu tiplerden hoşlanmamıştı. Sabah erken kalkacağı için gitmesi gerektiğini söyledi. Berkay geçirmeyi teklif etti. Tam kapıdan çıkarlarken Müge nefes nefese bitti yanlarında.

"Baba nereye gidiyorsun?"

"Janet'i taksiye bindirip döneceğim."

"İnanmıyorum, bizi bu ikisiyle bırakamazsın!"

"Ama kızım, onlar senin amcaların. Tadını çıkar."

Janet ve Berkay bıçak gibi soğuk Aralık gecesinde Abdi İpekçi Caddesi'nde yürüdüler. Cadde yılbaşı için neon ışıklar, garip heykeller ve kırmızı halıyla süslenmişti. Suudi bir çift gece kulübünün önünde Ferrari'sini bekliyordu. Suriyeli çocuklar onlara sadaka için yalvarıyordu. Aynı sahnenin Türkçe versiyonu da komşu gece kulübünün önündeki Adanalı çift ve Siirtli çocuklar arasında yaşanmaktaydı.

Berkay kutlamaların gerçek bir parçası olamayacağını artık biliyordu. Öz Nişantaşlılarla Berkay gibi üveyleri ayıran, elektromanyetik bir güvenlik duvarı vardı. Aşmaya kalkarsanız uzay-zamanın jeodezik çizgisinde moleküllerinize ayrılıyordunuz. Semt kendisini barbarlardan yıllarca bu şekilde korumuştu.

"Demek gerçek adınız Abidin, ha?"

"On sekiz yaşımdan beri kimse beni bu isimle çağırmamıştı. Evden kaçtığımdan beri."

"Ağabeylerinize bakınca bu kararınıza şaşmak zor."

"Onları tekrar göreceğim hiç aklıma gelmezdi. Geçmişin mezarlığından fırlamış zombiler gibiler."

"Bunu duysalar *Zombi* Federasyonu sizi mahkemeye verir."

“Evet.”

Bu arada Abdi İpekçi’den sapıp Rumeli Caddesi’nde yürüyüp *Pamuk Apartmanı*’nın önüne gelmişlerdi. Janet gülümsedi, Nobelli yazar Orhan Pamuk’un büyüdüğü apartmanı gösterdi. “Bakın Berkay Bey, şu hayatta herkesin bir yeri var. Bunu ne kadar isteseniz de değiştiremezsiniz.”

“Ne demek şimdi bu?”

“Sizin gibi birinin gelebileceği son yer burası.”

Berkay kapıdaki “Pamuk Apartmanı” yazısına baktı. Canı Janet’in sözlerindeki imayı anlamak hiç istemiyordu.

“Orhan Pamuk’un ağabeyi Yale mezunu bir iktisat tarihi profesörü” dedi Janet. “Şu an Londra’da öğretim görevlisi.”

“Evet.”

“Sizin ağabeylerinizse o ikisi.”

“Hı-hı.”

“O halde gerçeklerin dünyasına hoş geldiniz. Şimdi lütfen boş hayalleri bırakın ve güzel bir aşk romanı yazın bana.”

“Ama dünyayı fethedecek bir roman yazabileceğime inanıyorum ben.”

“Ben de Prens Henry ile evleneceğime inanıyorum!” diyerek yaklaşan taksiye el etti Janet. “Tek sorun, Henry’nin benimle aynı fikirde olmaması!”

Taksi durdu, Berkay’ın yüzüne bakmadan binip kapıyı kapattı. Çok mu kızgındı? Belki de Uysal kardeşlerle tanışmanın sarhoşluğu içindeydi. Gazlayıp gitmeden önce taksinin camını indirip “lütfen söz verin Berkay Bey” dedi. “Bu konuyu tekrar düşüneceksiniz.”

“Ben söz veririm ama onun adına konuşamam.”

“Kimin adına?”

Berkay parmağıyla caddenin karşısındaki mağazayı gösterdi. Vitrindeki Dior reklamında Natalie Portman hınzırca gülümsüyordu.

5

Janet'in söyledikleri, Berkay'a birkaç hafta önce Zeynep'le yaptığı konuşmayı hatırlatmıştı.

Dünyayı fethedecek bir roman yazma fikrini ilk duyduğunda karısının gözlerinde hayretle panik arası bir ifade belirmişti. Bu kombin Zeynep'in gözlerinde daha önce hiç belirmemişti. Zeynep dengeli bir kadındı. Onun gözlerinde ancak hayretle alışkanlık, panikle de sükûnet bir araya gelirdi. Tersi onun mavi bluzla yeşil etek giymesi gibi bir şeydi. Berkay yirmi küsür yıllık zevcesini o giysilerle hayal edemiyordu.

"Sen kim olduğunu sanıyorsun?" demişti Zeynep soğuk bir sesle.

"Ben senin kocanım," diye cevap vermişti, sorudaki asabiyeti görmezden gelmeye çalışıp. "Sen de benim karımsın. Şu durumda yapman gereken kocanın kararını desteklemek."

"Yanılıyorsun Berkay. Bana düşen senin bu yaştan sonra kendini mahvetmeni önlemek. Bunu yapacağımdan da hiç şüphen olmasın!"

"Sence o kadar yeteneksiz miyim?"

"Hayır, sadece senin kariyerin buna göre inşa edilmedi."

"İnşaat sektöründe olduğumuzu bilmiyordum."

"Biz *evlilik sektöründeyiz*. Bu sektördeki insanlar gerektiğinde ortakları uğruna fedakârlık yapar. Tıpkı benim vaktiyle oyunculuk kariyerimi senin uğruna bırakmam gibi. Tıpkı senin en iyi yaptığın işi yapmayı bırakıp bizi iflasa sürüklemeyeceğin gibi."

Zeynep'in ancak kritik aşamalarda gündeme getirdiği gibi, evlilikleri bir oyunculuk kariyerinin kemikleri üzerinde yükseliyordu. Zeynep genç ve Godot'yu bekletecek kadar güzelken, gönlünü okuduğu romanın yazarına kaptırmıştı. Sonra da adamın imza gününe gidip kuyrukta beklemişti. Kitabı Berkay tarafından imzalanırken romandaki kızın kendisine benzediğini söyleyivermişti (böyle delice bir şeyi nasıl yaptığını aklı hâlâ almıyordu). Bir yıl sonra evlendiklerinde mesleğinin kocasını desteklemek olduğuna çoktan karar vermişti (buysa hâlâ o kadar delice gelmiyordu).

Yazma yeteneği yoktu ama okuma yeteneği vardı Zeynep'in. Bir metnin *ayrodinamik* önemini şıp diye anlardı. Ona göre aklındaki raflardan birine yerleştirirdi. Berkay'ın yazım dili insanın *içini ısıtıyordu.* Espri gücünden yoksun da olsa, *şık duygular* uyandırıyordu. Arada *tatlı* öyküler yakaladığı da oluyordu ve her şeyden önemlisi, romanlarının *ayrodinamiği* vardı. Zeynep bu terimi romanlar için kullanan ilk insandı. Berkay da performansı bu bakımdan değerlendirilen ilk koca. Ne zaman yeni bir roman bitirse önce karısı okur, metni *ayrodinamik* açıdan eleştirirdi. Burada amaç romanın uçup uçmayacağının anlaşılmasıydı. Zeynep metni beğenmezse bu Berkay'ın birkaç ay daha cümleler arasına hava kesiciler yerleştirmekle, karakterleri yeniden dizayn etmekle, paragraflardaki direnç katsayısını düşürmekle uğraşacağı anlamına gelirdi.

Zeynep hiç yanılmazdı ve istediği değişiklikler yapıldıysa romanın havalanacağından şüphe etmezdiniz. Aşk Romanlarının Unutulmaz Yazarı yeni eseriyle bulutlar arasında süzülmeye başlardı hemen.

Ama Zeynep'in Berkay'a söylemediği şeyler de vardı. Kocasının yazdıklarının birer meltem olduğunu düşünüyordu. Yazın plajlar iki Orhan Pamuk arası birkaç Berkay Uysal isteyen insanlarla doluydu. Bu gerçeği bilmeleri ve kasırga olmaya heveslenmemeleri sayesinde bugünlere gelmişlerdi. Oysa şimdi korktuğu başına geliyordu: Bir orta yaş krizi uğruna hava boşluğuna düşmek üzereydiler.

"İflas edeceğimizi nereden çıkardın?" diyerek kendini savunmuştu Berkay. "Tam aksine, başarırsam bir servet bekliyor bizi. Nobel ödülü kaç kron haberin var mı?"

"O ödülleri alanların durumu farklı. Elli yaşına geldiklerinde 'hadi şimdi de dünyayı fethedelim!' dediklerini mi sanıyorsun?"

"Eh, bir yerden başlamışlardır herhalde."

"En başından her şeyi buna göre planladılar. Roman konularını, ilişkilerini, siyasi pozisyonlarını... Senin siyasi pozisyonun bile yok! Biz her şeyi Aşk Romanlarının Unutulmaz Yazarı için planladık. Çok da iyi ettik. Müge iyi okullarda okudu. Şimdi her şeyi bir kalemde silmene izin veremem!"

"Biraz karamsar düşünüyorsun sevgilim."

Berkay karısına nadiren "sevgilim" derdi. Bu sözcüğü kullanması, taviz peşinde olduğunu gösteriyordu. Ama bu sefer durum farklıydı. Sadece 'sevgilim' sözcüklerinin arka arkaya dizilmesinden oluşan bir roman bile yazsa Zeynep geri adım atmayacaktı. "Uluslararası başarı iki günde gelmez. Yıllarca plan yapmalısın. Yani her şey yolunda gitse bile Natalie Portman senin romanı rafta görene kadar nine olur!"

Berkay gözünde Natalie Portman'ı o haliyle canlandırdı. Bastonuna yaslanarak kitapçıya giriyor ve 'çeviri romanlar' reyonuna sapıp Amerikalı okurun dikkatini çekmek uğruna rafta itişen Hintli, Rus, Fransız, Arap, Bulgar, Arjantinli, Japon ve İranlıların arasından kendi romanına uzanıyordu. Kışkırtıcı bir hayaldi doğrusu. İnsanda dünyayı bir uçan halının üzerinde dolaşma arzusu uyandırıyordu.

"Uçan halı mı?" demişti Müge yüzünü buruşturarak. "Bağdat çoktan yerle bir oldu baba haberin yok mu?"

Kızı yatakta bağdaş kurmuştu. Birileriyle harıl harıl mesajlaşırken yarım ağızla cevap yetiştiriyordu. Lise son sınıftaki Müge babasının kitaplarını okumazdı. Ortaokulu bitirene kadar annesi istememişti (romantizmi çocuk eğitimi için yararsız buluyordu). Liseye başladığında birkaçına gizlice göz atmış ve zaman harcamaya değmez olduklarına karar vermişti çoktan. Sınıf arkadaşları *Harry Potter* ve *Yüzüklerin Efendisi* okuyordu. 12 D'nin Aşk Romanlarının Unutulmaz Yazarı için yapabileceği bir sihir yoktu.

"Uçan halılar..." diye mırıldanmıştı Berkay, acı acı gülümseyerek. "Uçan halıların *ayrodinamik* sorunları..."

Birkaç saniye sonra Müge başını telefondan kaldırıp "Bir şey mi dedin?" diye sormuştu. Ama Berkay orada değildi. Gitmişti. Duvardaki Gryffindor flamasının önünde artık kimse durmuyordu.

Janet'i taksiye bindirdikten sonra yayıncısının, kızının ve karısının haklı olabileceğini düşündü. Düşüncelere zaman tanımak için sokağın öbür ucundaki tekel bayiine yürümeye karar verdi. Lanet doğumgünü partisi ve ağabeyleri kaçmıyordu nasılsa.

1- Hayatındaki üç kadın da haklıydı çünkü onlara her şeyi anlatamıyordu. Haliyle, kısır verilerden yola çıkıyorlardı. Tevâfukları tesadüf sanmaları doğaldı.

2- Eğer Natalie Portman gerçekten fotoğraflar, filmler ve rüyalar aracılığıyla mesaj yolluyorsa durum sandığından da ciddi demekti. Belli ki kendisi de tevâfukâtı hafife almıştı.

3- Dünyayı fethedecek bir konu bulsa bile bu tek başına çözüm olmayacaktı. Çemberin tamamlanması için romanın Natalie Portman'a ulaşması gerekecekti. Buysa bilmediği bir denklemdi.

4- Ne hakkında yazması gerektiğini bilmiyordu. Ama uçan halıların aklına konmasında bir hikmet saklıydı.

Tekel bayiinden iki paket ölüm çubuğu aldı ve eve doğru yürümeye başladı. Aralık ayazı iliklerine işledikçe zihninde bir şeylerin belirdiğini hissediyordu. Bulanık da olsa bazı bağlantılar. Belki de bir işaret gerekliydi; silsileyi başlatacak bir temas.

Eve yaklaşırken dikkatini kaldırımdaki kalabalık çekti. Sonra balkondaki Zeynep ve Müge'nin çığlıklarını duydu. Apartmanın önüne koştuğunda, yayınevinde çalışan Ediz'in kaldırımda yatan bedeniyle karşılaştı. Kolları ve bacakları farklı yönlere uzanmıştı, koşar gibi görünüyordu. Zavallı, bir şeyden kaçmaya çalışıyordu sanki.

6

"Şimdi geceyi baştan yaşayalım. Janet'i taksiye bindirip eve döndün ve davetlilerden birini kaldırıma çakılmış buldun. Sonra?"

"Ünlülerin kafa doktoru" Lokman Bayer'in muayenehanesindeydiler. Kırklı yaşlarda, tıknazca bir adam. Kıvırcık saç, gözlükler ve kırlaşmış sakallar... Lustral bakışlar, Xanax tebessüm... Hastaları arasında tanınmış simalar olduğu sır değildi. Ayrıca kısa öyküler yazan (ve bunları ciddi dergilerde yayımlatan) bir edebiyatçıydı. Berkay'ın iyi bir insan ve berbat bir yazar olduğunu düşünür, ikisini de çaktırmazdı. Berkay'ın kendisini berbat bir insan ve iyi bir yazar sanması Lokman'ın daha çok işine geliyordu.

"Eve dönmeden sigara alayım dedim. Caddenin öbür ucundaki tekel bayiinden."

"Tahmin etmeliydim!" dedi Lokman, dolmakalemi masaya vurup.

"Neyi?"

"İkimiz de biliyoruz ki sizin evin yakınında bir tekel daha var. Sence neden uzaktakine gitmeyi seçtin?"

"Bilmiyorum" dedi Berkay.

"Eve dönüşü geciktirmek için olmasın? Kardeşlerinle bir daha karşılaşmamak için? Belki de sen dönmeden gideceklerini umuyordun."

Bunlar mantıklı sözlerdi. Katılmamak için deli olmak gerekirdi. Yine de Berkay hemen cevap vermedi. Lokman'ın kendisine dair her şeyi iki saniyede çözümlemesi sinirine dokunuyordu. Oysa adamın hangi topun kumaşı olduğunu üç yıldır görüşmelerine rağmen çözememişti. Her seansta erkeklerin kendilerinden daha zeki erkekler karşısında yaşadığı yenilgi duygusunu yaşıyordu. Bir daha gelmeyeceğine yeminler ediyordu. Gitsin öykülerine başka ilham kaynağı bulsundu Lokman Bayer.

"Evet, galiba öyle," dedi nihayet, düşünmekten usandığı için.

"Ama belki de öyle değildir."

"Efendim?"

"Yaptığım fazla basit bir açıklama değil mi? Fazla mekanik, öngörülebilir ve kılçıksız... Belki de işin içinde başka bir iş var."

Lokman'ın yine zekâ şovuna başlamak üzere olduğunu hisseden Berkay'ın içi öfkeyle doldu. "Nasıl bir iş?"

"Belki de aslında kardeşlerine zaman kazandırmaya çalışıyordun. Amacın onlara yardım etmekti."

"Daha neler doktor! Pardon ama ne sanıyorsun kendini, polis falan mı?"

"Sen kendini yazar sanıyorsun ya düdük!" cevabını yapıştırmak üzereyken susmayı başardı Lokman. Centilmence gülümsedi: "Lütfen yanlış anlama. Niyetim seni itham etmek değil."

"Maçan sıkıyorsa et lan lâle!" diye geçirdi Berkay aklından ama o da aynı centilmenlikle başardı dilini tutmayı. "Kusura bakma, bugünlerde gerginim."

"Aslında haklısın, polislerle pek çok ortak özelliğimiz var. Biz de onlar gibi ilgisiz görünen şeyler arasında bağlantılar kurmaya ve sonuca varmaya çalışıyoruz. Tek fark onların arka sokaklarda aradığı ipuçlarını bizim insan ruhunun derinliklerinde aramamız. Ama sonuçta ikimizin de hedefi aynı."

"Nedir?" diye sordu Berkay, bıkkın bir sesle.

"Sen!"

"Ben mi?"

"Evet dostum. Polisler de biz de seni yakalamaya çalışıyoruz. Onlar kodese tıkmak bizse özgürleştirmek için."

"Nasıl rahatladım anlatamam."

"Son günlerde ağabeylerinle hiç görüştün mü?"

"Hayır. Olaydan sonra kayıplara karıştılar."

"Suçlanacaklarını düşünüyorlar demek ki."

"Düşünmelerine gerek yok, herkes direkt onları suçlamaya başladı zaten."

"Tanık falan var mı?"

"Yok. Kimse Ediz'i onların ittiğini görmemiş. Ama buralarda doğumgünü partisinde balkondan uçan insanlar pek görülmez."

"Orası öyle."

"Tabii ağabeylerime benzeyen tipler de pek görülmez."

"Orası da öyle."

"Bu iki görülmeyeni beraber düşününce milletin sonuca varması kolay oluyor. Zaten ortadan kaybolarak buna kendileri yol açtı."

"Olağan şüpheliler yani."

"Ya."

"O halde sen de bir şey görmüş olamazsın."

Berkay'ın içinden bir ses yine Lokman'a güvenmemesini söylüyordu. O sesi dinlemeye karar verdi. "Tekel bayiinden sigara alıp eve yöneldim. Ayaklarım geri geri gidiyordu. Sokağa çıkınca evdeki manzaranın dehşetini daha iyi anlamıştım. Hediyesi ağabeylerim olan bir doğumgünü partisine katlanmak istemiyordum. Natalie Portman'ı bulmak ve geceyi onunla geçirmek istiyordum."

Kısa bir sessizlik... Sonra yılgın bir sesle "O konuyu halletmemiş miydik?" diye sordu Lokman.

Berkay gözlerini tiki varmış gibi kırpıştırmaya başladı. "Apartmanın önüne geldiğimde ortalık karışmıştı. Zeynep ve Müge balkonda bağrışıyordu. Diğerleri Ediz'in başında toplanmıştı. Celayir ve Turabi toz olmuştu. Sonra cankurtaran ve polis geldi. Ediz hastaneye, biz karakola. İfade vermeyi beklerken karakoldaki televizyonda *Bağlanmak Yok* oynuyordu."

"Ne oynuyordu?"

"Natalie Portman'ın bir filmi. Ama görsen, nasıl kötü. Yine de o gece karakolda, daha önce dikkat etmediğim bir şey gördüm. Natalie pazarda sevgilisi için alışveriş etmektedir. Yanından bir bisikletli geçer. Çarpmamak için döndüğünde bir an kameraya kaçar gözleri. O bakışı sana anlatamam, sanki artık rolün içinde değildir."

"Hollywood yıldızları oynarken kameraya bakmaz Berkay. Bunu yapmamayı artık mankenler bile beceriyor."

"Yanlışlıkla yaptı demiyorum zaten. Hatta tam aksine, son derece bilinçliydi. Filmde canlandırdığı kız olarak değil, bizzat Natalie olarak gözümün içine bakıyordu. Bakışının montajda kesilmemesi için yalvarıyordu."

Lokman Bayer çıkardı gözlüklerini ve gözlerini ovuşturdu. Sanki Berkay'ın anlattıklarına değil başladıkları noktaya dönmelerine inanamamıştı. "Bunların hepsini konuşmuştuk, değil mi? Tam iki yıl önce."

"Bu sefer farklı. Sanki başı dertte ve yardım istiyor. Sürekli bana işaretler yolluyor. Ama ona nasıl ulaşacağımı buldum."

"Nasıl ulaşacaksın?"

"Dünyayı fethedecek bir roman yazacağım."

"Sen mi?" dedi Lokman ve kahkahalarla gülmeye başladı.

7

Berkay o gün kaçırıldı. Birileri onu güpegündüz sokaktan kaldırıp dünyanın en külüstür minibüsünün içine tıktı.

Kaçırılmak Nişantaşı'nda o sezon moda değildi. Buna rağmen dehşet anları (minibüsün içinden uzanan eller, ayaklarının yerden kesilmesi, metal zemine düştüğünde acıyan göğsü ve burnuna dolan gübre kokusu) zihnine kazındı.

Oysa Lokman Bayer ukalasını atlattıktan sonra yapması gerekeni anlamıştı. Herkesi tek tek arayacaktı. Dünyayı fethetme planından vazgeçtiğini söyleyecekti. Ortalığı sakinleştirmek istiyordu. Kimse yaptığının sadece şaşırtmaca, taktik bir geri çekiliş olduğunu düşünmeyecekti. Mahalle baskısından bu şekilde kurtulduktan sonra yeni plan yapacaktı. Tamam, Ediz'in kaldırıma çakılmasının üzerinden daha bir hafta geçmemişti ama onu iten Berkay değildi sonuçta. Nasılsa günün birinde Ediz dahil herkesin komadan çıkıp normal hayata dönmesi gerekecekti.

Düşünceleri tam önünde vişne çürüğü rengi, 75 model bir Ford Transit'in fren yapmasıyla kesildi. Minibüsün arka kapısı açıldı. Dört güçlü kol Berkay'ı içeri çekti. Ayaklarının yerden kesilmesiyle burnunu metal zemine çarpması bir oldu. Başına çuval geçirdiler, ellerini arkadan bağladılar.

"Berkay Uysal sen misin?"

"Sana ne lan! Bırakın beni yoksa alayınıza mantar tıkarım!"

Adamlar afallamıştı. Aşk Romanlarının Unutulmaz Yazarı'nı kaçırdıklarını sanıyorlardı, küfürbazın tekini değil. Berkay'ın klostrofobik ortamlarda Abidin'e dönüştüğünü bilmiyorlardı.

"Ayıp ayıp," dedi adam. "Bir de yazar olacaksın. Sanatçı dediğin topluma örnek olur."

"Sanata da yaslarım size de!" diye kükredi Berkay. Öfke krizine girdiğinden, korkmaya fırsat bulamıyordu. "Bırakın beni siboplar!"

"Kuddusi Ağabey, doğru adamı kaçırdığımıza emin miyiz?" dedi, genç bir erkek.

"Herifin yanında adımı söylemesene!"

"Pardon ağabey."

Berkay şaka olabileceğini düşündü. Herhalde lise arkadaşları mezuniyetin otuzuncu yılı şerefine espri yapıyorlardı. Ancak otuz yılda bir adam kaçıran insanlar bu kadar beceriksiz olabilirdi. Yaşlı olanı Berkay'ın aklından geçeni okumuştu. Operasyonun şerefini kurtarmak telaşıyla öyle bir yumruk salladı ki, çuvalın içindeki kafanın etrafında yıldızlar uçuşmaya başladı.

"Burnumu kırdın at organı!"

"Bana bak koçum... Yazar mısın küfürbaz mısın bilmem ama Uysal kardeşlerden olduğun kesin. Ağabeylerinin borcu var."

"Bana ne, gidin onları bulun!"

"Mesele şu ki bulamıyoruz. Hapisten tüydükten sonra kayıplara karıştılar. En son geçen cuma senin evinde görülmüşler."

"Hapis mi? Onlar Kazakistan'da değil miydi?"

"Öyle söylediler demek. O zaman cezaevi nakil aracından tüydüklerini de kesin saklamışlardır."

"Bana ne!"

"Olur mu, insan kardeşlerinin nerede neler çevirdiğini bilmeli. Yapılan araştırmalara göre Türk insanı hayatta kazıkların yüzde otuz yedisini öz kardeşlerinden yiyormuş."

"O geceden sonra görmedim ikisini de. Nerede olduklarını da bilmiyorum. Şeytan görsün yüzlerini!"

"Olur mu, onlar senin kardeşin. Üstelik hapse girerken bize yüklü miktarda borçlandılar. Hazır dışardayken ödemek isterler belki."

"Ne kadar?" Şartlar ne olursa olsun miktara önem verirdi Berkay.

"Ne sen sor ne ben söyleyeyim."

"Ne istiyorsunuz benden?"

"Yüzde otuz yedilik hakkını kullanmanı."

"Ha?"

"Ya borçlarını ödemelerini sağlarsın ya da sen ödersin. Ya da sonuçlarına beraber katlanırsınız. Seçim senin."

Kardeşleriyle bir şeye katlanmak fikri Berkay için katlanılacak şey değildi. Tam küfretmeye başlayıp romantik yazar imajını bir kez daha zedeleyecekti ki yediği darbeyle geçti kendinden.

Önce ılık bir karanlık oldu. Sonra da kendisini ilkokulun erkekler tuvaletinin önünde Natalie Portman ile buldu. Boş koridordaki harita odasından cılız bir ışık geliyordu. Natalie *Yıldız Savaşları* filmindeki gibi giyinmişti. Aşırı uzun boyluydu. İki metre falandı sanki.

"Biraz küçülmüşsün görmeyeli," dedi.

Berkay farkın kendisinden kaynaklandığını anladı. Minibüsten buraya gelene kadar ikinci sınıftaki boyuna inmişti. İşin kötüsü Natalie öyle güzeldi ki insan öfkelenemiyordu. Mecburen korkuyordu. Gübre kokan minibüsün içinde başına çuval geçirilmiş haldeyken korkmamıştı ama şimdi dizleri titriyordu.

"Merak etme," dedi Natalie. "Dünyayı fethedecek o romanı yazacaksın."

"Ama yazmaya karar verdiğimden beri başıma gelmeyen kalmadı. Önce kardeşlerim hortladı. Sonra biri evimin balkonundan düşüp komaya girdi. En sonunda da kaçırıldım. Görüyorsun, sanki evren yol yakınken vazgeçmem için baskı yapıyor."

"Niye böyle bir şey yapsın evren? Manyak mı?"

"Belki de rezil olmamı önlemeye çalışıyordur. Beni kendimi bilmeye davet ediyordur. Mevlânâ'nın sözünü hatırlamamı istiyordur."

Berkay pek Mevlânâ okumamıştı (Elif Şafak'ın romanını bile). Haliyle, onu bir şiirinde "İlim kendini bilmektir" diyen Yunus Emre ile karıştırıyordu (şiiri bardak altlığında görmüştü). Ama bu Natalie Portman'ın gözlerinin parlamasına engel olmadı. "Biliyordum!" dedi Berkay'ın sırtına vurup. "Sen bir dahisin, buldun işte!"

"Sahi mi? Fark edemedim nedense."

"Mevlânâ bizim oralarda iyi iş yapıyor. Son zamanlarda bir Rumi modasıdır gidiyor. Millet dininizin uçakları gökdelenlere çakmayan taraflarını da merak etmeye başladı demek ki. Herhalde bir gün modası geçer ama hâlâ zamanımız var. Mevlânâ hakkında bir roman yaz ve bana ulaştır. O kitapla dünyayı fethedeceğiz."

"Emin misin?"

"Orasını bana bırak," dedi Natalie, tıpkı Anakin Skywalker'a gülümsediği gibi gülümseyerek. "Gerekli bağlantılarım var."

"Bunun için önce şu minibüsten ve kardeşlerimden kurtulmam gerek."

"Kardeşlerin sana yardıma geldi."

"Onlar idam mangasının karşısındaki kör bir hamile kadına bile yardım etmez!"

"Henüz bu hikâyedeki gerçek rollerini bilmiyorlar. Tıpkı senin kendinle ilgili bazı şeyleri bilmediğin gibi."

"Neymiş kendimle ilgili bilmediğim?"

"Sen Aşk Romanlarının Unutulmaz Yazarı değilsin. Ayrıca şu anda minibüsün içinde de değilsin. Gözlerini aç."

Berkay açtı gözlerini. Kendini karla kaplı kaldırımda yatarken buldu. Birkaç tinerci etrafına toplanmış merakla bakıyordu. Hâlâ yaşadığını görünce duydukları hayal kırıklığını saklayamadılar.

8

Eve dönünce odasına kapandı. Bütün gece çıkmadı. Karısıyla kızının Ediz'in düştüğü balkona bakarak "Bu evden taşınalım!" diye tutturmasını çekmek istemiyordu.

Burnunun haline bakarak sorular sormalarını da istemiyordu.

Koleksiyonuna bakarak düşünüyordu: Bir hedefe doğru fırlatılmaktaydı. Kaderin elinde oyuncak bıçak olmuştu.

Çekmeceden kâğıt çıkardı, en tepeye gazlı kalemle "Mevlânâ" yazdı. Eğer batıda Natalie'nin söylediği kadar popülerse işe yarayabilirdi. İnternet zaten Mevlânâ ve Sufizm siteleriyle doluydu. Gerekli kitaplar Migros'ta satılıyordu. Berkay aptal olmadığına göre, biraz okuyup meseleyi kapabilirdi. Mevlânâ da insandı sonuçta, anlamak ne kadar zor olabilirdi?

Geriye Konya'ya gitmek ve Natalie Portman'ın seveceği bir konu yakalamak kalıyordu. On sekiz çoksatar yazmış biri için imkânsız değildi.

En popüleri olduğundan Elif Şafak'ın *Aşk* romanıyla başladı. Kitap hakkındaki bilgisi (çoğu kitapta olduğu gibi) karısının anlattıklarından ibaretti. Olayların sinir krizinin eşiğindeki Amerikalı bir ev kadınıyla havalı bir Sufi arasında geçtiğini hatırlıyordu. Ama özeti okuyunca durumu daha karışık buldu. Bir kere Şems vardı, bir sürü felsefi laf, hiperaktif yan karakterler ve gizemli olaylar vardı. Konuyu Selçuklu tarihine bağlamaksa zor görünüyordu. Morali bozuldu ve Zeynep'in haklı olabileceğini düşündü. Böyle işler için zaman lazımdı. Onunsa deneyimi yoktu; daha önce yazdığı hiçbir şey için Sufilerle takılması gerekmemişti.

Cesareti kırılmıştı. Romanın yazarını şahsen tanımıyordu (dünyaca ünlü yazarlar, aşk romanlarının unutulmaz yazarlarıyla tanışmazdı) ama ona hayranlık duymaya başlamıştı. Tabii bunu fazla düşünürse üç kuruşluk özgüvenini kaybedip vazgeçeceğini de hissetti.

Yapacak daha iyi bir işi olmadığından, kendini Elif Şafak'ın e-posta adresini araştırmaya verdi. Aradığını kadının yazdığı günlük gazetede buldu. Adres yazar fotoğrafının hemen altındaydı. "Nasılsa göndermeyeceğim" diye düşünerek, aşağıdaki mektubu yazdı.

Çok değerli Elif Hanım;

Adım Berkay Uysal. Sizin gibi ben de romancıyım. Belki gözünüze bir yerde çarpmıştır, bugüne kadar pek çok romanım yayımlandı. Çok şükür belli bir okur kitlem var (sizinkiyle karşılaştırılmaz ama). Şimdi de bazı sebeplerden dolayı, dünyayı fethedecek (sizinkiler kadar olmasın) bir roman yazıyorum. Romanınızdan ve Mevlânâ felsefesine bakışınızdan çok etkilendim. Bu konuda tavsiyelerinizi dinlemeye hazırım. Çok meşgul olduğunuzu tahmin edebiliyorum ama yine de birkaç satır yazmaya zamanınız olursa, bir meslektaşınız olarak minnettar kalacağımı bilin. Eğer incelemek isterseniz, çalışmalarımı görebileceğiniz web sitemin adresi aşağıdadır. Ülkemize gurur veren çalışmalarınızın devamını diler, şimdiden teşekkür ederim.

Okuyunca aptal gibi hissetti kendini. Gördüğü en berbat okur mektubuydu. Berkay'a da sık sık okur mektupları gelirdi. Bazıları yazdıklarının değerlendirilmesini isteyenlerdi. Tabii Aşk Romanlarının Unutulmaz Yazarı'na kocasıyla nasıl barışacağını ya da balayında nereye giderlerse daha romantik olacağını soranlar da vardı. Milletin tanımadığı birine bu kadar güvenmesi saçma geldiğinden cevaplama isteği duymamıştı.

Oysa şimdi o insanların ne hissettiğini anlıyordu. Hepsi sayfaların arkasındaki insana ulaşma gayretiydi. Onun da mektup cevaplayıp helaya giden bir fani olduğunu hissetme arzusu. Elif Şafak "Defol başımdan sersem tavuk!" bile dese Berkay'a cesaret verebilirdi.

Dışarıda kar yeniden başlamıştı. Berkay internette Orhan Pamuk'un *Kar* romanını aramaya başladı. Zeynep okumadığından, Berkay'ın roman hakkında dünyayı fethettiği dışında fikri yoktu. Ama olayların Kars'ta geçtiğini ve nevrotik bir şairi anlattığını hemen anladı. Ayrıca bazı siyasi durumlar vardı. Berkay siyasetin herkesin birbirinin donunu indirmeye çalıştığı bir oyun olduğunu düşünür, yazar-çizer milletinin ona duyduğu merakı anlamazdı. Yine de batılıları büyüleyen Kars şehrinden kendisine de ekmek çıkabileceğini düşündü. Sayfaların çıktısını aldı.

Çıktıları çalışma masasının arkasındaki duvara astı. Orhan ve Elif, Kars ve Konya yan yana hiç fena durmuyordu.

İki romancının da siyasi sebeplerle başları ağrır gibi olmuştu. Sonuçta hapse girmemişler ama hapse girme ihtimalleri yazdıklarının batıda daha çok ilgi görmesini sağlamıştı. Demek ki Berkay'a onu hapse sokmanın eşiğine kadar getirecek ama sokmayacak bir şey lazımdı. Bunu daha sonra düşünmeye karar verdi.

Hazır başlamışken araştırmayı derinleştirmek istedi. Bu onu Yaşar Kemal'den bahseden sitelere götürdü. "İnce Memed" dünyayı fethetmiş ilk Türk romanıydı. Berkay ilk cildini Onnik'in kitapçısında çalışırken okumuştu. Kahramanın nesinin ince olduğunu hatırlamıyordu. Ama isyan edip dağa çıktığını hatırlıyordu. Roman Avrupa'da çok sevilmişti, hatta Yaşar Kemal sonradan ikincisini, üçüncüsünü ve dördüncüsünü yazmıştı. Bunların *Zor Ölüm*'ün ikincisi, üçüncüsü ve dördüncüsü gibi güzel mi yoksa *Rambo*'nun devam filmleri gibi sıkıcı mı olduğunu bilmiyordu. Çünkü okumamıştı. Ne bulduysa çıktısını aldı ve onları da astı duvara.

Gece yarısından sonra manzara çatlak bir profesörün odasını andırıyordu. Berkay'ın arkasındaki duvar bilgisayar çıktılarıyla dolmuştu. Kapıyı tıklatan Zeynep'e acıkmayı uzun süre düşünmediğini belirten homurtularla cevap verdi.

Kendini iyice kaptırmıştı. Dünyayı az çok fethetmiş bütün Türk romanlarının izini sürmeye başlamıştı. Latife Tekin, Nedim Gürsel, Zülfü Livaneli demeden çıktıları yan yana asıyordu. Üzerlerine kırmızı, mavi ve yeşil kalemlerle notlar alıyordu. Ortak noktalar yakaladığını düşünürse hemen çember içine alıp iki sayfayı uzun bir çizgiyle bağlıyor ve duvarı mahvediyordu.

Yazarların birer fotoğrafını seçip çıktılarını aldı. Onları da yan yana astı. Bu başarılı insanların gözlerini üzerinde hissetmek istemişti. Çıktılar duvara sığmaz olunca sağ taraftaki Fenerbahçe posterini indirip orayı da açtı imara.

Çalışırken müzik dinlemeyi severdi. Şimdiyse sadece yazıcıdan gelen tıkırtılarla cızırtıların senfonisi duyuluyordu. Transa geçmişti sanki, Fener küme düşse umrunda değildi. Araştırdığı romanların hiçbirini okumadığı için başta utansa da sonradan kafaya takmamaya karar verdi. Onların yazarları da muhtemelen Berkay'ın romanlarını okumamıştı. Kimse ölmüyordu bu yüzden.

Sabaha karşı ve hummalı bir çalışmadan sonra, dört maddelik bir liste çıkarmayı başardı. Mr. Smith adında bir okur hayal etmişti. Gözlükleri ve keçi sakalıyla *Kentucky Fried Chicken* logosundaki elemana benziyordu. Sanki onun sarı saçlı haliydi.

1- Dünyayı fethetmeyi amaçlayan romanlar sadece burada olabilecek şeyler hakkında yazılmalıdır. Sufiler, minyatür nakkaşları, eşkiyalar ya da metrobüsler gibi. Böylece Mr. Smith'in müşkülpesentlik yapması en baştan engellenmiş olur.

2- Mr. Smith'i korkutmayacak bir dil seçilmelidir. Mesela metrobüsleri anlatmaya İncirli durağından başlarsak Mr.

Smith sıkılır. Ama metrobüsün lastik tekerlek üzerinde giden metro olduğunu söylersek kafasında bir resim uyanır. Aynı prensip sufiler ve minyatürcüler için de geçerli.

3- Mr. Smith'in ilginç bulacağı şeyler hakkında yazılmalıdır. Metrobüse binen *Arch Enemy* tişörtlü kız işe yaramaz, isterse dünyanın en manyak öyküsüne sahip olsun. Ama durakta bekleyen çöl devesinin şansı her zaman vardır. Başına hiçbir şey gelmese bile.

4- Yazar Amerika, İngiltere ya da İsveç yerine bir şark ülkesinde doğmuş olmaktan duyduğu pişmanlığı satır aralarında mutlaka sezdirmelidir. Bu Mr. Smith'in kendisini şanslı hissetmesini sağlayacak ve kitabı sevmesini kolaylaştıracaktır.

Günışığı odayı kucaklarken kar yağışı hafiflemişti. Berkay listenin çıktısını alıp duvara astı. Bilgisayar çıktıları yüzünden tanınmaz hale gelmiş odaya yorgun gözlerle bakarken birisi tıklattı kapıyı. Bereketli gece keyfini yerine getirmişti. Gidip sakince açtı. Karşısında Müge duruyordu.

"Kapıda iki polis var baba..." dedi korkmuş bir sesle. "Seni soruyorlar."

9

Başkomiser Atakan Yontuç kırklı yaşlarda, rahat ve sevimliydi. Motosikletçi montu ve gri kadife pantolonu fena durmuyordu. Kısa siyah saçlı ve kalın kaşlıydı. Sinekkaydı traş olmuştu. Duruşunda selvi boylu erkeklere özgü bir kamburluk vardı. Sabahın köründe karizmatik görünmek derdi yok gibiydi. Cinayet Büro Amirliği'nde değil de köşedeki süpermarkette çalışıyordu sanki.

Berkay'ın gece boyunca duvarları donattığı çıktılara, sayfadan sayfaya seken renkli çizgilere ve yazar fotoğraflarına merakla baktı. Sonra da Berkay'a bakıp güldü.

"Böyle işler sadece bizim merkezde yapılır sanıyordum."

"Bir proje var da..." diyerek açıklamaya çalıştı Berkay. "Yazarları inceleyip ipuçları bulmaya çalışıyorum. Böylece bir sonuca varmaya çalışıyorum. Yani şey, biraz sizin iş gibi, evet."

Böyle bir durum nasıl açıklanır bilmiyordu. Allah'tan başkomiser sözünü kesti de daha fazla saçmalamaktan kurtuldu.

"Sizi tanıyorum Berkay Bey. Karım sadık bir okurunuz."

Bu sözün Berkay'ı rahatlatması gerekirdi ama öyle olmadı. Hatta işlerin daha da karışacağını düşünüp gerildi. Yirmi dört saattir gözüne uyku, ağzına lokma girmemişti. Başkomiserin karşısında cesetleri az önce arka bahçeye gömmüş bir sapığa benziyordu muhtemelen.

"Sahi mi? Kendisine selamlarımı iletin lütfen."

"İletirim ama varsa bir imzalı kitabınız daha makbule geçer, ne yalan söyleyeyim."

Berkay sırıttı. Son iki romanından birer tane almak için dolaba tırmandı. Rahat görünmek istemesine rağmen ellerinin titremesine engel olamayınca kitapları düşürdü. İnip almaya çalışırken başkomiser de yardım etmek için eğildi ve kafa kafaya çarpıştılar. Tokuşan kafalardan şampanya patlamasına benzeyen bir ses çıkmıştı.

"Ah! Pardon memur bey!"

"Önemli değil... Fakat burnunuza ne oldu?"

Minibüsteki dayaktan kalan izler yakından bakınca fark ediliyordu. Berkay ise kaçırılma olayını polise anlatmazsa kendisi için daha hayırlı olacağını düşünmesinin ileride nelere yol açacağını o an bilemezdi. "Önemli değil, bir kaza geçirdim de."

"Kazalar bu ara peşinizi bırakmıyor anlaşılan."

Başkomiserin sadede gelmek istediğini anlayan Berkay zaman kazanmak için kalem aramaya başladı. Karışıklık içindeki odanın her yerine bakıp da bulamayınca utana sıkıla Atakan Yontuç'tan istemek zorunda kaldı. Polisin verdiği tükenmezle kitapların ilk sayfalarına Nagihan Yontuç için en masum selamlarını yazdı.

"Bunu hep saklayacağım" dedi başkomiser, kalemi mont cebine geri koyarken. "İnşallah bana da biraz bulaşır."

"Ne bulaşır?"

"Yazma yeteneği tabii ki," diyerek güldü. "Ne de olsa kalemime ünlü bir yazarın eli değdi."

Adam filmin sonunda katili bulmuş ama açıklamadan önce havadan sudan konuşarak ortamı geren dedektiflere benziyordu. Belki de uykusuz ve yorgun Berkay'a öyle geliyordu. Karısı ve kızı salonda merak içindeydiler. İçindeki paniği durduramıyordu.

"Ediz'i ben öldürmedim!"

Başkomiser güldü. “Sakin olun. Zaten henüz ölen falan yok. Genç adamın komadan çıkması pekâlâ ihtimal dahilinde. O sırada evde olmadığınızı söyleyen yeterince tanık var. Peki aynı anda kardeşlerinizin ne yaptığını biliyor musunuz?”

“Dediniz ya, o sırada evde değildim.”

“Ama herhalde bir şeyler duymuşsunuzdur.”

“Herkes gibi takılıyorlarmış işte. İkisini de uzun zamandır görmedim. Aslına bakarsanız yıllardır.”

“Gayet normal çünkü yirmi yıl önce işledikleri bir cinayetten dolayı hapisteydiler. Bunu bilmiyor olamazsınız.”

“Hayır, bilmiyordum” dedi Berkay. Bu kadarcık yalandan da kimse ölmezdi herhalde.

“İki katil hapisten kaçıyor ve aynı gün gittikleri yerde şüpheli bir kaza yaşanıyor. Bir romancı olarak ne dersiniz buna?”

“Polisiye tarzım sayılmaz pek.”

“Biliyorum, siz Aşk Romanlarının Unutulmaz Yazarı’sınız. Karım sayesinde bizim evin bir rafı kitaplarınızla dolu. Birkaçını okudum. Edebiyattan anlamam ama hoşuma gitti.”

“Eyvallah...” dedi Berkay. Şimdi başkomiserin tarzını biraz artistçe bulmaya ve gıcık kapmaya başlamıştı. Şakalar, kinayeler falan... Ne sanıyordu kendini, Hercul Poirot mu?

“Bana sorarsanız aşkın cinayetle pek çok ortak noktası var” diye devam ederek Berkay’ı iyice gerdi adam. “Sanki ikisi de aynı cehennemden çıkma. Bu meslekte neler gördüm bilseniz! Hepsini hakkıyla anlatabilmeyi isterdim. Keşke bende de biraz yazma yeteneği olsa. Günün birinde tarz değiştirmek isterseniz haber verin. Size zevkle yardımcı olurum. Öyle hikâyeler var ki valla *Behzat Ç.* yaya kalır.”

“Peki.”

“Balkona bakalım mı?”

Salondaki kanepede gazap üzümleri gibi oturan Zeynep ile Müge'nin önünden geçip balkona çıktılar. Diğer polis üniformalıydı ve yassı kafalı bir gençti. Genişçe bir balkondu. Berkay'ın sulamayı unuttuğu bitkiler bir köşeyi kaplıyordu. Karşı köşede Ediz düşene kadar Zeynep'in akşamları kitap okuduğu ya da Müge'nin tüm evrene SMS yağdırdığı şezlonglar vardı.

"Aslında buradan düşmek çok da zor değil yahu..." dedi başkomiser, aşağı bakarak.

Yıllardır yaşadığı evin balkonu Berkay'a da farklı görünmüştü. Sanki ferforje korkuluklar gerekenden alçaktı. Çiçekler lüzumundan büyüktü. Şezlonglar fazla uzundu. Apartman aşırı yüksekti. Her şey aşağı düşmek isteyen olursa zahmet çekmesin diye ayarlanmıştı sanki.

"Ediz'in hayatında kardeşlerinizle kesişen herhangi bir şey yok" dedi başkomiser ve hemen ardından ekledi. "Tabii sizin dışınızda."

Berkay bütün yüzlerinin bembeyaz kesildiğini hissederek yutkundu. "Ne demek istiyorsunuz?"

"İçimden bir ses, Celayir ve Turabi sizinle tekrar irtibata geçecek diyor."

"İnşallah öyle bir şey olmaz."

"Olursa bize haber vermeye ne dersiniz?"

"Ediz'i aşağı onların attığına emin misiniz? Öyle olsa bir tane bile şahit çıkmaz mıydı?"

"Şahitler susturulabilir" dedi başkomiser, balkondan salona geçerken. "Bunun için suç tarihi boyunca geliştirilmiş milyonlarca teknik var. En kötü ihtimalle iki firariyi yakalamış oluruz. Bu arada burnunuza Bepantol sürün, iyi gelir."

10

Polisler gidince Berkay şunları yaptı: Karısıyla kızının isyanına göğüs germek. Onlara yakında taşınacakları konusunda garanti vermek. Banyoya kapanmak. Klozette otururken başkomiserin sözlerini hatırlamak. İki ağabeyini de kulaklarına cıva damlatarak öldürmek istemek. Çalışma odasındaki kanepede uyuklamak. Müge'nin çaldığı acayip müziklerle uyanmak. Kendisini sokağa atmak. Maçka Parkı'ndaki bir taşa tüneyip uzun uzun düşünmek.

Niye işler her fırsatta karmakarışık oluyordu? Olayların ve insanların azıcık dek durma becerisi yok muydu?

Berkay çalışırken rahatsız edilmeyi sevmezdi. Oysa şimdi, en önemli kitabını yazmaya çalıştığı sırada insanlar onu rahatsız etmek için hapislerden kaçıyor, balkonlardan düşüyor, eve polisler doluşuyordu. Kafayı mı yemişlerdi, ne istiyorlardı?

Alt tarafı dünyayı fethedecek bir roman yazmak istemişti. Ne vardı bunda? Hem elli yaşındaki herkes aynı şeyi yapsa fena mı olurdu? Hep birlikte Ulubatlı Hasan'ın askerleri olsalar? Gemileri karadan yürütmeyi yarım yüzyıl boyunca başarmış sultanların, çobanların, mankenlerin, taksicilerin, madencilerin, dervişlerin, dansözlerin, tesisatçıların ve imamların söyleyecek kim bilir ne çok sözü vardı. Bu sözler sahipleriyle beraber mezara gitmemeliydi. Kitaplarıyla beraber arşa yükselmeliydiler.

Günlerdir yağan kar durmuştu. Bulutlar incelmişti. Parkın beyaz zemini grileşiyordu. Ölümden kaçabileceğini sanan orta yaşlı bir kadın eşofmanı ve kulaklıklarıyla Berkay'ın önünden koşarak geçti.

Taşın üstünde düşünen adam heykeli gibi otururken, evden çıktığından beri hissettiğinin ne olduğunu anladı.

Bu on sekiz yaşındayken baba evini terk ettiğinde hissettiği şeydi. Korkuyla öfkenin karışımından imal edilmişti. Katkı olarak da acı ve umutsuzluk kullanılmıştı. Sonraki otuz iki yıl boyunca bu karışıma hiç ihtiyaç duymamıştı Berkay. Aslında hiçbir duyguya ihtiyaç duymamıştı. Onun işi duygular hakkında yazmaktı.

Otuz iki yıl önce sadece ağabeylerinden kaçmamıştı. Abidin'den de kaçmıştı. Hâlâ o bedbaht ve tuhaf kenar mahalle çocuğunun şehrin bir yerlerinde kendisini aradığı hissine kapılıyordu. Çarpık bacakları üzerinde yaylanarak karanlık sokaklarda dolaşıyordu. Pörtlek gözlerini devirerek ucuz otellere girip çıkıyordu. Çelimsiz boynunu uzatarak talaş kokulu meyhaneleri dikizliyordu.

Berkay'ı bir bulsa yakasına yapışacak ve kendisini öldürmesinin hesabını soracaktı.

Abidin'i öldürmüştü çünkü Abidin hayat denen psikopatla baş edemeyecek kadar zayıftı. Değil meşhur romancı olmak, ağabeylerinin elinde çok geçmeden seri katile dönüşürdü. Berkay onun acılarına son vermişti. Sonra da cesedin içinden Berkay olarak çıkmıştı. Yılanın deri değiştirmesi gibi. Sıkıyorsa otuz iki yıl önceki bu olayı araştırsındı başkomiser.

Baba evinden kaçan çocuk beraberinde bir sırrı da götürmüştü. Sırt çantasındaki donlarla çorapların arasında bir bıçak vardı. Sabaha karşı Haliç kıyısında üzerindeki kan lekesine son kez bakıp denize atmıştı bıçağı. Evden kaçtığı fark edilene kadar uzaklaşmış olacaktı. Tabii polis peşine düşmezse.

İşler umduğu gibi gitmişti. Abidin denen garibanı otuz iki yıl boyunca kimse arayıp sormamıştı. Bu da onun Aşk Romanlarının Unutulmaz Yazarı'na dönüşmesi için yeterli süreydi.

Berkay eve dönünce araştırmaya devam etti. Zeynep ve Müge ortalarda olmadığı için daha rahat çalıştı. İnternette dolaşırken birden gözleri parladı. Karşısına "Kızların Halıları" diye bir belgesel çıkmıştı.

Van'da halı dokuyarak ailelerini geçindiren genç kızların hayatı...

Onlar için atölye kurup zanaat öğrenmelerini sağlayan bir hayırsever...

Köyleri devlet tarafından boşaltılınca şehre göçmek zorunda kalmış Kürt aileler...

Ve tabii ki halılar... Kendileri uçmasa da Berkay'ı uçurabilecek halılar.

Yirmi beş dakikalık belgeseli gözlerine inanamayarak izledi. Dünyayı fethedecek bir roman için en az Mevlânâ kadar uygun bir konu bulmuştu: Batılılar buna bayılacaktı.

Avrupa Avrupa duy sesimizi. İşte bu Berkay'ın ayak sesleri.

Belgesele dair bilgilerin çıktısını aldı. Muzaffer bir edayla duvarın tam ortasına astı. Tamamdı bu iş. Olay bitmişti. Yönetmenin aynı zamanda yazar, tasarımcı ve baterist olduğunu öğrenince şaşırdı. Böyle çok yönlü insanlara hem hayranlık duyar hem de onlardan çekinirdi. Rönesans insanlarının sağı-solu belli olmazdı. Bir kokteylde yönetmen, şair ve ressam olan bir kadınla tanışmıştı. İçkiyi fazla kaçıran kadın bir saat konuştuktan sonra Berkay'ın üzerine kusmuştu. Sonra da "Bir senedir kimse benimle yatmıyor!" diye ağlamaya başlamıştı.

Öğleye kalmadan duvardaki son boşluğa astığı Türkiye haritası üzerinde izleyeceği güzergâhı saptadı. Önce Konya'da bir hafta kalıp mevlevi ruhunu teneffüs edecekti. Sonra Van'a gidip halı dokuyan kızlarla tanışacaktı. Ardından Kars'a geçmeyi ve Orhan Pamuk'un oltasından kaçanları toplamayı düşünüyordu.

Son durak içinse iki ihtimal vardı: Diyarbakır'a gidip Kürtlerin acılarını görmek ya da Hatay'daki Suriyeli mültecilerin dramına tanıklık etmek. Berkay ikisine de gerek kalmayacağını umuyordu. İlk üç şehre uğradıktan sonra içlerinden birini seçecek ve dönecekti köşeyi.

Bu sırada Zeynep ve Müge emlakçıları dolaşıp balkonundan kimsenin düşmeyeceği, Cinayet Büro Amirliği'nin uğramayacağı, masrafsız bir daire bulmayı başardılar. Bahçe katı olduğundan, en azından ilkinin gerçekleşmesine fiziksel imkân yoktu. İstedikleri zaman taşınabilirlerdi; dört oda bir salon, pırıl pırıl bir şömine ve bahçede kar kaplanları gibi gezinen üç kedi. Daha ne olsun?

"Babamın fikrini almayacak mıyız?" diye sordu Müge. Emlakçının ofisindeydiler ve Zeynep kontratı son kez okuyordu.

"Sence almalı mıyız?"

"Yoksa biraz tuhaf olmaz mı?"

"Umursayacağını mı sanıyorsun? Babanın son günlerdeki hali fikir alışverişine müsait mi sence?"

"Yine de bu bize emrivaki yapma hakkı vermez anne."

Zeynep kötü kötü baktı. Kızının haklı olduğunu biliyordu. Kafayı Natalie Portman'a ve saçma fetih fantezilerine takmış bile olsa, Berkay'ın da yaşayacağı evi seçme hakkı vardı. Bir an için yeni evde Berkay yaşamasa acaba daha mı iyi olur diye düşündü. Beş saniye bile sürmeyen bir düşünceydi. Yine de yetti Zeynep'i sarsmaya. Aklına böyle şeyler ilk kez geliyordu.

"Öyle olsun..." dedi içini çekip. "Baban da görsün, öyle imzalarız."

Berkay ise garaja inmişti. Bavulunu, bilgisayarını ve birkaç bilgisayar çıktısını koyduğu çantayı Tuareg'in bagajına yerleştirmişti.

Tam arabayı çalıştıracakken ensesinde bir namlu serinliği hissetti. Dikiz aynasına bakmaya cesaret edebildiğinde arka koltukta sırıtan iki ağabeyiyle göz göze geldi.

"Hayırdır Abidin, nereye?" dedi Turabi.

"Konya'ya..." dedi Berkay.

"Ne yapacaksın lan orada?"

"Hiç... İş gezisi."

"Şahane fikir" dedi Celayir. "Baz gaza anasını satayım!"

11

1982 yılının bir sonbahar gecesiydi. 18 yaşındaki ve adı henüz Berkay olmayan Berkay Haliç kıyısında dikiliyordu. Biraz önce fırlattığı bıçağın denizde kaybolduğu noktaya bakıyordu. Şimdi ne yapacaktı? İşin zor kısmını halletmiş ama gerisini düşünmemişti. Bıçaktan sonraki hayat hakkında en ufak bir fikri yoktu. Yokluğunu evdekilerin birkaç günden önce fark edeceğini sanmıyordu. Ama artık ağabeylerine dayanabileceğini de sanmıyordu. Daha geçen hafta hırsızlık yapmasını istemişler, kabul etmeyince eşek sudan gelene kadar dövmüşlerdi. Yediği tekmeler yüzünden sırtı ağrıyordu. Çalacakları da bir şey olsaydı bari: Şokella!

Zaten ağabeyleri doğru düzgün insanlar olsa o bıçağı saplaması gerekmezdi. Doğduğundan beri bir şiddet girdabında yaşasa da kimsenin bir yerine bir şey sokmaya heves etmemişti. Zaten o yaşa kadar bakir kalmasının da sebebi buydu.

Cabbar kulamparası ilk sulandığında yetişip elemanın façasını bozacak ağabeyleri olsa farklı olurdu. Tamam, yine belalı ağabeylerle yaşıyor olurdu ama korkması gerekmezdi. Hatta gurur duyardı. Kendisini Teksas'ın en kısmetli kovboyu sayardı. Bonanza dizisindeki kardeşlere benzerlerdi. Celayir ve Turabi'nin anlamadığı buydu. Abidin'in onlardan belalı oldukları için nefret ettiğini sanıyorlardı. Oysa Abidin ikisinden dört ciğerleri beş para etmediği için nefret ediyordu. Korkak oldukları için. Öldürmeleri gereken Cabbar ile iş tuttukları için.

Acaba ölmüş müydü? Olay yeri karanlıktı, bıçağı nereye soktuğunu görememişti. Karın, göğüs, mide, baldır... İlk defa adam bıçakladığından, metalin ete giriş hızı da fikir vermemişti. Bıçağı Cabbar'ın vücudundan çıkarmış ve koşmaya başlamıştı.

Cabbar sıkıştırıp durmuştu Abidin'i: Sokakta, depoda, demiryolunun orada, kahvenin arkasında... O kadar uzun zamandır sürüyordu ki, mahalleli herifin muradına erdiğine inanmaya başlamıştı. Sonrası artık başka sapıkların da gelip Abidin'den imza istemesiydi. Narin vücudu ve küçük gösteren tüysüz yüzüyle tüm Suriçi'nde popülerliği yakalaması işten değildi. Abidin kendisini böyle bir sükseye hazır hissetmiyordu. Yol yakınken vites değiştirmeyi seçti. Koydu cebine Turabi'nin sustalısını, Cabbar'ın takıldığı kahvenin önünden geçti, peşine takılsın diye.

Kanlı batak oynayan Cabbar'ın elinde iyi kâğıtlar vardı ama nefsi uğruna hepsini feda edecekti. Yerine Kel Birol'u oturtup kalktı. Başladı Abidin'in gittiği yöne hızlı hızlı yürümeye.

Kahvenin televizyonunda konuşmakta olan Kenan Evren'in sesi gittikçe uzaklaşırken, Cabbar'ın içinde işlerin bu sefer iyi gideceğine dair bir his doğmuştu. Belki nihayet oğlanın da canı çekmişti. Belki zaten doğuştan meyilliydi deyyus. Eğer öyleyse Cabbar doğru yere dükkân açmış demekti. Abidin sonradan ağabeylerine söylese bile bir cacık olmazdı. İkisinin sattığı esrarı o temin ediyordu. Ayrıca otopark işi ayarlayacağına dair yalandan söz de vermişti. Çok sıkışırsa "Sıkıyönetim komutanını tanıyorum!" falan derdi kerizlere.

Cabbar'la demiryolunun altındaki geçitte karşılaşmak istiyordu Abidin. Akşamın bu saatinde orası karanlıktı. Gelip geçenler yüzleri belirsiz gölgelere dönüşürdü. Devriyeler güneş batana kadar görünmezdi. Cabbar'ın elli metre geriden geldiğini fark edince bir an durdu. Başını çevrip baktı. Herhalde herifin gözünde erotik bir davranıştı.

Bunun bir davet olduğuna artık emindi Cabbar. Allah'ın manyağı kim bilir nasıl bir âlemde yaşıyordu. Onun yüzünden Abidin kendi çıplak vücudunu aynada inceler olmuştu. Dakikalarca bakıyor ama insanda istek uyandıracak en ufak bir şey göremiyordu: Çıkık kaburgalar, daracık bir kıç, çarpık bacaklar, ikisinin ortasında da sallanıp duran zavallı bir et parçası... Bu Cabbar gerçekten hasta olmalıydı.

Duvarında aranan komünistlerin resimleri asılı eski Rum evinden saptı. Demiryolunun altındaki pis kokulu geçide girip beklemeye başladı. Cebindeki çakıyı sinirli sinirli yokluyordu. Ne yapmak istiyordu? Öldürmek mi? Yoksa ders vermek mi? İki durumda da buharlaşması gerekecekti. Birincisi polislerden ikincisi Cabbar'ın intikamından kaçmak için. Kolay bir firar olmayacağının farkındaydı. Memleketin hali idealist gençlerin asılması için uygundu. Kulamparaların haklanması için değil.

Dakikalar geçiyor ama Cabbar görünmüyordu. Oysa çoktan geçide ulaşmış olmalıydı. Bir tuhaflık vardı. Şileplerin arkasında ufuk kararıyordu. Az uzaktan Karagümrük formalı iki çocuk türkü söyleyerek geçtiler. Sonra birkaç gölge daha geçti. Sahil tarafında sürten köpek dünyanın yükünü taşıyordu sanki. Sigara yakmak için çakmağını çaktığında dikkatini yerdeki gazete çekti. Sayfanın çamursuz tarafında gözlüklü bir gencin fotoğrafı vardı. Adı Orhan Pamuk'tu. İlk romanı henüz çıkmıştı. Abidin zaman geçirmek için röportajı çakmak ışığında baştan sona okudu ama Cabbar yine görünmedi. Acaba son anda vaz mı geçmişti? Birine mi rastlamıştı? Yoksa başına bir şey mi gelmişti? Abidin güldü kendi kendine: Şu hayatta bir kıçının peşindeki manyaklar için endişelenmediği kalmıştı.

Dakikalar geçti, hava iyice karardı. Bir hüsran duygusuna kapıldı. Gelmeyecekti. Herhalde tuzağın kokusunu almıştı. Yılların çakalıydı ne de olsa. Bu kadar kolay faka basacak değildi. Rahatladığını fark etti Abidin. Belki de böylesi daha iyiydi. İnsanın kıçını kollayarak yaşamayı öğrenmesi katil olmasından hayırlıydı. Pantolon cebindeki çakıyı sımsıkı tutan parmakları gevşedi. Gümbürdeyen kalbi normale döner gibi oldu. "Zaten ben kim, adam kesmek kim!" diye düşünüp güldü.

Bu rahatlığı sahil yolundan geçen bir kamyonun farları geçidin duvarını tarayana kadar sürdü.

Far ışığıyla aydınlanan duvarın hemen önünde, Cabbar duruyordu.

Karanlığın içinde ayrı bir karanlık gibiydi. Sırıtıyordu. Gözlerine bakan duvarı görebilirdi arkasındaki.

Abidin bir elin saçlarından kavradığını hissetti. Hem koparacakmış gibi çekiyor hem de bastırarak diz çökmeye zorluyordu. İkisini aynı anda nasıl yapabiliyordu? Yoksa gerçekten şeytani güçleri mi vardı? İblisin göründüğünden güçlü olduğunu anlamakta geç kalmıştı. Direnmek canının yanmasından başka işe yaramıyordu. Biraz önce okuduğu gazetenin üzerine diz çöktüğünü fark etmedi. Cabbar çamurlu ayakkabılarıyla Orhan Pamuk'un alnına basmıştı.

"Önce ağzına al da görelim ne kadar marifetlisin."

Abidin'in cinsel hayatı boşluktan ibaretti. Sağlıklı bir genç olmasına rağmen konu sekse gelince isteksizlik yaşıyordu. İki yıl önce ağabeyleri tarafından geneleve götürülmüştü. Kadınların haline acımaktan başka şeye fırsat bulamamıştı. Mahalledeki birkaç kız kurusunun yanaşma girişimlerini fark etmemişti. Başına Cabbar'ı musallat eden dedikoduların çıkma sebebi onun bu kadınlardan uzak haliydi.

Seks işte böyle yüzsüz bir şeydi: Onunla ilgilenmesen bile o seninle bir şekilde ilgileniyordu. Sanki herkesi sürekli seks düşünmeye zorlayan bir rejim vardı. Yasaya uymayanlar üzerlerine

Cabbar salınmak suretiyle cezalandırılıyordu. O zamanlar bu fikri geliştirse Matrix'in egzotik bir versiyonunu yıllar öncesinden yaratabilirdi.

Karanlığa iyice alışmıştı gözleri. Cabbar'ın fermuarından çıkmış organı gözünün önünde sallanıyordu. Saç diplerinin acısından gözleri yaşarmıştı.

"Okşa!" dedi Cabbar, okşamaya başladı. Uzaktan, bir tren sesi duydu. Tünelin ucunda gördüğü ışık hızla yaklaşan trenin farlarıydı: Umudun ta kendisi.

"Yala!" dedi Cabbar. Abidin dilini artık sertleşmekte olan organa değdirdi. Aşağı yukarı dolaştırmaya başladı. Biraz daha yükseldi trenin sesi.

"Ağzına sok!"

Korktuğu kadar kötü değildi. Geçit zaten komple sidik koktuğu için emdiği şeyin kokusunu fark edememişti. Biraz daha dayanabilirdi. Hele şu tren biraz daha yaklaşsın...

Cabbar'ın nefesi hızlanır, banliyö treni yaklaşır, ağzındaki dalgamotor sertleşirken elini cebine atmayı başardı. Çıkardı bıçağı, vargücüyle sapladı. Tepelerinden geçen trenin gürültüsünden, haykırışı duyan olmadı. Tam o sırada boşaldığı için de attığı çığlığın zevkten mi yoksa acıdan mı olduğunu anlamadı Cabbar.

12

Haliç kıyısına nasıl gelmişti?

Koşmuş muydu otobüse falan mı binmişti? Yoksa Scotty tarafından ışınlanmış mıydı?

Geçitten kaçtığında Cabbar yaşıyor muydu?

Ağzındaki meni tadını neden artık hissetmiyordu?

Henüz sonbahar olmasına rağmen bu titreme de neydi?

Bunlar Abidin'in cevaplarını bilmediği sorulardı. Kendisini o an cebelleşemeyeceği kadar bitkin hissettiği sorular.

Takdir edersiniz ki daha önemli meseleler vardı. Titrediğine bakılırsa adam bıçaklayıp evden kaçmak için yanlış gece seçmişti. Sokağa çıkma yasağı kalkmıştı ama yine de geceleri dolaşmak akıllıca değildi. Komünistlikle ilgisi olmayanların bile sırf şüphe uyandırdılar diye kafeslendiğini ve onlardan bir daha haber alınamadığını anlatan hikâyeler duymuştu. Ama ders çıkarmak için artık çok geçti. Şu saatten sonra yapabileceği tek şey o derslerden birine dönüşmemekti. Bir yere sığınmak.

"Seni tanımıyorum, çek arabanı."

Resepsiyonistin halinde otele yakışan bir sefalet vardı. İkisi de normalde kanun manun dinleyecek yapıda değildi. Ama askeri darbe yüzünden korkaklaşmışlardı. Polisler gibi değildi askerler.

Kurallarını dinletmek konusunda çocukça bir heves içindeydiler. Balat'ın arka sokaklarındaki izbe otellerden rüşvet almayı bile öğrenemiyorlardı.

"Ama param var" dedi Abidin. "İsterseniz peşin ödeyebilirim."

Esrardan kararmış dişlerini cömertçe sergileyerek sırıttı adam. "Asker zaten bahane arıyor adam asmaya. İpsiz sapsız birini tek başına yakalarlarsa ne olacak?"

"Ama ben tek başıma değilim ki..."

"Ne demek değilim lan? Burada başka biri mi var?"

"Var tabii."

"Kim?"

"Ablam."

"Ablan mı?"

"Demin kapının önündeydi, görmediniz mi?"

"Hayır."

"Uzun boylu, sarışın..."

Pis ve konuyla ilgilenmeye başladığını gösteren bir ifade belirmişti resepsiyonistin yüzünde. "Sarışın ha..."

"Kocası kaybolduğundan beri seyahatteyiz" dedi Abidin. "Ablam masözlük yapıyor. Güya bizi memlekete döndürecek parayı kazanacak. Pahalı otellerde de kalamıyoruz. Her gece çalışıyor. İnsanlar o saatte niye masaj yaptırır bilmem. Bir de benden üç yaş büyük ya, kendini patron sanıyor. Odayı tutmamı söyledi, işini bitirip birkaç saate gelecekmiş."

Abidin herifin dudaklarındaki yılışık sırıtışı görünce hikâye uydurma yeteneğinin ilk zaferini kazandığını anladı. Bu son olmayacaktı. Ama o an kendi istikbalini sizin kadar iyi bilmeyen Abidin'in derdi kapağı odaya atıp sabaha kadar kalmaktı yalnızca.

Cabbar'ı bıçakladığından beri musallat olan üşüme hissi daha da artmıştı. Resepsiyonist sırf atletle nasıl durabiliyordu?

Oda tahmin edebileceğiniz gibiydi. Tasvire değmez iki somya. O yıllarda her izbe otel odasında görebileceğiniz kahverengi battaniyeler. Plastik çiçek vazosu taşıyan komidin. Yine 80'lerin gözdesi kabartma çiçekli duvar kâğıdının sigara dumanı ve rutubetten sararmış hali.

"Ablan kesin gelir mi bu gece?"

Anahtarı Bonanza kahramanı gibi kaptı Abidin. "Bir yerde sızıp kalmazsa gelir. Bu arada, kaloriferler yanmıyor mu?"

Adam Ferdi Tayfur filmlerindeki kötü adamlar gibi baktı. "Bu havada ne kaloriferi lan?"

Yalnız kalınca pencere tarafındaki yatağa oturup titremeyi ve düşünmeyi sürdürdü. İkisinden de hayır gelmeyeceğini anlayınca uyumaya karar verdi. Ne bulduysa örtündü. Daldı derin uykuya. Rüyasında az önce uydurduğu sarışın ablayı gördü. Geceyarısına doğru geliyor ve diğer yatağa oturup sigara yakıyordu.

"Güzel hikâye" dedi külünü halıya silkerek. "Nereden aklına geldi?"

"Bilmiyorum. Sözcükler kafamın içinden akıp gidiyordu sanki. Tek yapmam gereken onları okumaktı."

"Teleprompter gibi mi?"

"Ha?"

"Boş ver. Ama bu yetenek herkeste yoktur haberin olsun. İyi bir hikâyeci Afrika'da bile aç kalmaz."

"Neden?"

"Çünkü küçük dostum, şu sefil dünyadaki herkes hikâye dinlemeye bayılır. İstisnası yoktur bunun."

"Ne yapmam gerek?"

Sarışın cevap veremeden biri kapıya vurmaya başladı. Yumuşak ama sık darbeler. Sanki kapının açılması hayat memat meselesiydi ama kimsenin duymaması gerekiyordu. Göz göze geldiler. Uyanmaktan başka çare olmadığını anladılar. Kadın Hamburg'daki striptiz kulübünün kulisinde, Abidin ise izbe otelde açtılar gözlerini. Başka öykülerin insanlarıydılar ama aynı rüyada buluşmuşlardı. Bir paralel rüya deneyiminde. Yoksa siz dün gece rüyanızdaki yabancıyı figüran mı sanıyordunuz? Lütfen komik olmayın.

Abidin kapıya ürkekçe yaklaştı. "Kim o?"

Sarışın abla palavrasına uyanan resepsiyonist damlamış olmalıydı. Ama cevap yerine daha da sıklaşan vuruşlar geldi. Çok kızmıştı herhalde. Şimdi ne yapacaktı? Yalanı sürdürmeye çalışması ya da karşı koyması gerekecekti. Direnmeye kalkarsa polis çağırabilirdi, böyle otellerin polisle ilişkisini kendi mahallesinden biliyordu. Adam bıçaklayıp evden kaçtığı günün gecesi karakolluk olmak mantıklı gelmedi.

Ablasını merak ettiğini söyleyecekti. Daha önce böyle gecikmemişti hiç, neredeydi acaba?

Kendisini hikâyeye inandırıp kapıyı açtığında karşısında resepsiyonist yerine 45 milimetrelik bir Parabellum buldu. Uzun namlusunun arkasında kısa boylu, seyrek saçlı, kalın bıyıklı bir adam duruyordu. Sesi namlunun derinliklerinden gelir gibiydi.

"Kimsin lan sen?"

Abidin yana çekildi, girdiler: Otuzlu yaşlarda silahlı bir adamla yirmilerinin ortasında gösteren kadın. Yaz ortasındaymış gibi giyinmişlerdi. 70'lerden kalma geniş paçalı kotlar ve pazar işi tişörtler. Kadın siyah saçını atkuyruğu yapmıştı. Kemik çerçeveli gözlük takmıştı. Adam namluyu Abidin'e doğrultmuş halde pencereye gidip sokağı kolaçan etti.

"Bu odanın boş olması lazımdı. Ne arıyorsun burada?"

Kadına boş boş baktı Abidin. Bakarken de odada korkan tek kişi olmadığını anladı. Hatta onun gözlerindekinin yanında kendisininki korkudan bile sayılmazdı. 17 yaşındaki çocukları yaşlarını büyütüp asan bir makineye bakar gibi bakıyordu kadın. Bunu görmek Abidin'in yeniden titremeye başlamasına yetti. Makinelerden anlamasa da.

"Kimse kim..." dedi adam, yatağa oturup. "Bu gece burada kalacağız. Diğer odalar dolu. Herifler her yeri sarmış. Çıkmamıza imkân yok."

13

'Aşk Romanlarının Unutulmaz Yazarı' rahme o gece düştü.

İlahi bir tesadüf: Aynı gece Kudüslü Herşlag çiftinin sekiz aylık kızları Natalie de hayatının ilk soğuk algınlığını geçirecekti. Bakıcı pencereyi açık unutmuştu. Bebek Herşlag hapşırıp duruyordu. Büyükannesinin kızlık soyadı Portman'ı kullanmaya başlamasına henüz yıllar vardı.

Yolları otel odasında kesişen Abidin, Noyan ve Sedef ilk şoku atlattıktan sonra birbirlerinin zararsız olduğunu fark ettiler. Yapacak başka şey olmadığı için de sabaha kadar çene çaldılar. Sedef ve Noyan 12 Eylül öncesinin en faal sol örgütlerinden birinin üyesiydi. Askeri darbeden beri hayatları gizlenerek geçiyordu. Böyle yaşamak canlarına tak edince pek çok yoldaşın yaptığını yapıp Avrupa'ya kaçmaya karar vermişlerdi.

Gerekli parayı ve sahte kimlikleri almaları gereken yerse Balat'taki izbe otel odasıydı. Kafası bin beş yüz resepsiyonistin yanlışlıkla Abidin'e verdiği 5 numaralı oda.

Öyküleri Abidin'e ne kadar korkunç geldiyse, onlar da Abidin'in öyküsünü o kadar acıklı buldular. Özellikle de plansız programsız, ne yapacağını kesinlikle bilmeyen halini. Günün ilk ışıkları otel odasını kızıla boyarken Sedef üzerine bir şeyler karaladığı kâğıdı verdi. "Birbirimizi bir daha görmeyeceğiz. Yolun açık olsun arkadaş."

İki gece sonra Ayvalık'tan demir alacak tekneyle Midilli'ye, oradan da Fransa'ya gidip ömrünün geri kalanını siyasi mülteci olarak geçirecek Sedef, Abidin'in dikkatle baktığı ilk dişiydi. Gözünün rengini ya da bileklerinin inceliğini falan sonradan hatırlayacağı ilk kadın. İlk çoksatar romanı *İkimize Bir Sağanak*'taki Meltem karakterini ondan esinlenerek yazdığını biliyor muydunuz? Şimdi öğrendiniz işte.

Ama Sedef ve Noyan ile otel odasında yaşadığı tek gecelik ilişkinin asıl meyvesi Abidin'in iş bulması oldu. Sabah ikisinden ayrıldıktan sonra kadının kâğıda yazdığı adrese gitti. Cağaloğlu'nda kitapçı dükkânı olan Onnik ile tanıştı.

"Hangi kitapları seversin?" diye sordu Onnik. Kısa boylu, basık yüzlü, hafif kambur bir ihtiyardı. Kırtasiye rafını düzenlerken kendisinden beklenmeyecek bir hızla hareket ediyordu. Sesi vantrologlarınki gibiydi.

"İşin aslı..." dedi Abidin adamın kamburuna bakarak. "Pek anlamam kitaptan."

"Neden anlarsın peki?"

"Erketeye yatmaktan, zula patlatmaktan, adam marizlemekten. Bir de yemek yapmaktan anlarım."

Onnik dönüp dükkânının ortasında dikilen mahluğa şaşkın gözlerle baktı. Bu da neydi böyle? Uzayın hangi karanlık köşesinden kopup gelmişti? Sedef ile ne ilgisi vardı?

"Sabıkan var mı?"

"Bildiğim kadarıyla yok."

"Aman ne güzel."

Doğma büyüme Vefalı Sedef'in babası Onnik'e 6-7 Eylül olayları sırasında yardım etmişti. Bu da karşılıklı bir vefaya yol açmıştı.

Aslında Türkiye'ye bir daha ayak basmayacak olan Sedef'in Onnik'ten isteyecek hiçbir şeyi yoktu. Bu yüzden iyilik hakkını tanımadığı bir kenar mahalle delikanlısı için kullanmıştı. Vefa onlar için ruhlarında bir semtti.

Abidin dükkânda çalışmaya ve alt kattaki depoda yatıp kalkmaya başladı. Bu sayede kitaplarla tanıştı. Önce Onnik'in tavsiye ettiği ince klasikleri okudu. Sonra kalınları da okudu. Zamanla okumanın sığınak olduğunu keşfetti. Nükleer savaş çıksa insan *Anna Karenina*'nın sayfalarında güvenli bir yer bulabilirdi. *Mavi ve Siyah*'a sığındın mı seni oradan hiçbir güç çıkaramazdı. Abidin'in büyüdüğü iğrenç dünyanın dışında bir dünya daha vardı. Üstelik süper bir şeyle doluydu: Asaletle.

Sadece balo salonları, fırfırlı etekler falan değil. İnsanların orospu çocuğu olmaması anlamındaki asaletti Abidin'i büyüleyen. Romanlardaki orospuların çocukları bile icabında delikanlıca davranmayı biliyordu. Bıçak kemiğe dayanınca orospular herkesten yiğit çıkıyordu. Hizmet etmeye kesinlikle değer bir dünyaydı bu.

Edebiyat dünyasının neferi oldu. Şövalye ilan edilmek gibi bir şeydi. Kendisini Onnik'in steyşınıyla depolardan taşıdığı romanlardaki asaletin bir parçası gibi hissediyordu. O işini yapmasa Piyer ile Dolohov duello edemezdi. Cyrano sırrını kalbine gömemezdi. Ursula Iguaran o kadar uzun yaşayamazdı. Tom Sawyer kendi cenazesini seyredemezdi.

Sadece Shakespeare'e ısınamamıştı nedense. Ne zaman eline alsa birkaç sayfadan ileri gidemiyordu. Ya uykusu geliyor ya da sıkılıyordu. Ama bunda bile asilce bir yan vardı.

Abidin yeni dünyasında takılarak doğmaya çalışıyordu. Daha doğrusu, Berkay'ı doğuracağı günü bekliyordu.

İçinde başka bir varlığın kımıldadığını hissediyordu. Onun Berkay olduğunu henüz bilmiyordu. "*Yaratık*" filmini o sırada seyretseydi uzaylının adamın karnını yararak dışarı çıktığı sahneyi çok manidar bulurdu.

Hamileler çocuklarının neye benzeyeceğini üç aşağı beş yukarı hissederler. Abidin'in de Berkay ile ilgili bazı tahminleri vardı. Öncelikle onun iflah olmaz bir romantik olacağını hissediyordu. Her şeyden çok asalete önem verecekti. Tabii yaşayacağı çağın asaletle uzaktan yakından ilgisi olmayacağı için de milletten deli muamelesi görecekti. Sonunda ya bir şövalyeye dönüşecek ya da acılar içinde can verecekti. İki ihtimal de gayet asilceydi. Buraya kadar sorun yoktu.

Sorun şu ki, Berkay'ın kendisini sevmeyeceğini de hissediyordu. Hatta muhtemelen Abidin'i hatırlamak bile istemeyecekti. Hey, anneliğin kolay olduğunu kim söyledi zaten!

Abidin kötü bir tezgâhtardı. İrsaliyeleri kaybediyordu. Faturaları yanlış kesiyordu. Kitapların yerini karıştırıyordu. Hayal âleminde yaşar gibiydi. Kovulmamasının bir nedeni sözünün eri Onnik'in Sedef'e gönül borcuysa, bir nedeni de Abidin'in müşterilere anlattığı hikâyelerdi. Özellikle de yolu tesadüfen dükkâna düşen Müjde Ar'ın Abidin'den hoşlanması.

Natalie Portman ileride Abidin için ne olacaksa, Müjde Ar da Onnik için o sırada oydu. Eminönü meydanında çekim yapan gençliğinin baharındaki oyuncu molalarda okumak için kitap almak istemişti (henüz Instagram olmadığı için). Tezgâhtarın anlattığı hikâyelere çok güldü. Üçünün beraber çektirdiği fotoğrafsa kim bilir neredededir.

Abidin 22 yaşına gelince baktı polis arayıp sormuyor, Kazancı Yokuşu'nda küçük bir ev tuttu. Yazmaya başladı. Bu arada edebiyat fakültesine girmiş, İngilizce öğrenmeye başlamış ve aşk romanları basan bir yayınevine *part-time* düzeltmen olmuştu. Hepsine birden nasıl cüret edebildiğini kendisi de bilmiyordu. Aynı dairede sekiz yıl önce *Kazancı Yokuşu*'nu yazmış Ferhan Şensoy'dan ise haberi bile yoktu.

Mançalı Asilzade Don Kişot ile Madame Bovary arası bir kafadaydı. Okuduğu romantik kitaplar gözüne bir şey yapmıştı: Dünyayı içinde aşk, asalet ve tutkular olan bir yermiş gibi görüyordu. Bu arada gönül işlerinde birkaç hezimet yaşayıp gerekli sanatsal motivasyonu edinmeyi de ihmal etmedi. Madem kadınlar onu çekici bulmuyordu, alayını mahvedecek kitaplar yazacaktı.

Kendisini az buçuk özgüvenli hissettiği tek yer üzerine elden düşme daktilosunu koyduğu, apartman boşluğuna bakan balkondaki formika masaydı. Burada yirmi dört saat güvercinler uğuldardı. Apartmanların arka cepheleri suratsızlıkta birbiriyle yarışırdı. Şartlar mükemmeldi yani. Geriye bir şeyler yazıp doğmak kalıyordu.

İkimize Bir Sağanak sekiz ret mektubundan sonra *Siyah Kuğu* diye bir yayınevi tarafından kabul edildi. Sabahın köründe Galata'daki ofise gittiğinde babalarından kalan parayı batırmak üzere olan iki kardeşle tanıştı. Kimsenin kaybedecek bir şeyi yoktu. Basalım gitsin dediler. Sonra dev bir vakum geldi. Berkay Uysal'ı Abidin'in rahminden çekip aldı.

Arka koltukta uyuyan iki ağabeyinin horultuları eşliğinde Konya'ya doğru direksiyon sallarken aradan 25 yıl geçtiğine inanamıyordu Abidin. Ya da Berkay. Ya da her kimse artık.

14

"Daha çok var mı?"

Dikiz aynasında Turabi ile göz göze geldiler. Yola çıktıklarından beri birer Anadolu türbesi kadar sessizdiler. "Seksen kilometre falan. Ama sıkıldıysan inebilirsin."

"Sana da bir şey sorulmuyor be oğlum. Şöhret seni gergin yapmış. Bu kafayla altmışını göremeden nalları dikersin bak."

"Yapma yahu? Sakın arabama gizlice binip kafama silah dayadınız diye gerilmiş olmayayım?"

Muhabbet Celayir'i uyandırmıştı. Gerinerek homurdandı. "Ya ne yapacaktık? Güzellikle istesek bizi yanına alır mıydın? Cins cins konuşma!"

Berkay silecekleri çalıştırdı. Karla yağmur arası bir şey başlamıştı. Hava yarım saat içinde tamamen kararacaktı. Sileceklerin tıkırtısı radyodaki Melahat Gülses ile aynı makamdaydı.

"Şu müziği de değiştir!" dedi Celayir. Ağzında sigara vardı, ceplerinde ateş aranıyordu. "Hatunun sesi içimi şişirdi."

"Bu arabada sigara içilmiyor."

"Bundan sonra içiliyor koçum, rahat ol."

Şiddet dolu sahneler Berkay'ın hayalinde toplu gösterim yaptı: Silahı kapıp beyinlerini dağıtmak. Arabayı uçuruma sürüp son anda atlamak. Sağa çekip benzin deposunu tutuşturmak. Kafalarını yan camlara sıkıştırıp...

"Bir şey soracağım ama kızma" diyerek böldü Turabi. "Berkay ne Allah aşkına? Başka takma isim bulamadın mı?"

"Asıl ben bir şey soracağım. Niye o çocuğu balkondan attınız?"

"Biz atmadık, kendi düştü."

"Tam da siz oradayken... Bak sen şu tesadüfe."

"Hap var mı diye sordu, biz de kibarlık olsun diye verdik. Meğer zaten kafası güzelmiş. Ne bilelim?"

"Adama ecstasy mi verdiniz?"

"Bonkör bir günümüzdü."

"Herhalde hapisten yeni çıktığımız için. Şimdi olsa hayatta vermem."

Berkay öfkesine hâkim olmaya çalışıyordu. "Garibana hap verdiniz ve sonra da balkonda bıraktınız ha?"

"Arkadaşların bizi sevsin istedik" dedi Celayir yalandan gücenerek. "Fakat hapı atınca çenesi düştü kopilin, susmak nedir bilmedi. Çekilecek dert değildi. Kendi haline bırakıp uzadık."

"Sen ortalarda yoktun..." diyerek pası aldı Turabi. "Biz de kızının arkadaşlarıyla sohbete başladık."

"Dövmelerimize bayıldılar."

"Tam kızıl saçlıyı bağlıyordum ki senin hatunun çığlığını duyduk. Meğer o herif balkondan düşmüş."

"Ona atlamak denir!" dedi Celayir ve gülmeye başladı. "İbiş çakılınca kesin çok şaşırmıştır!"

Turabi de başladı gülmeye. "Uçamadığını anlayınca aklı gitmiştir lavuğun!"

Arka koltuğun iki ucunda stereo şekilde gülüyorlardı. Ağabeylerinin nahoş kahkahalarını dinlerken aradan geçen çeyrek yüzyılda hiç değişmemiş olduklarını anladı. Sadece iğrenç değillerdi. Aynı zamanda çok demodeydiler: VHS kasetlere, Metin Milli'nin gözlüklerine, merdaneli çamaşır makinelerine benziyorlardı. Berkay Uysal kaba sabalığa tahammül edebilirdi ama demodeliğe asla.

"Kesin lan!"

Kahkahalar bıçakla kesildi. Sileceklerin tıkırtısı ve radyonun sesi yeniden duyulur oldu. Celayir ve Turabi önce birbirlerine, sonra da Berkay'ın ensesine baktılar. Celayir çekti silahını dayadı o enseye.

"Doğru konuş it!"

"Bas tetiğe!" dedi Berkay. "Üçümüz de gebeririz, bu iş biter. Bu yaştan sonra sizin aptallığınızla uğraşmaktan iyidir!"

Turabi ve Celayir tekrar birbirlerine baktılar. Bu ses tonunu maziden hatırlamıyorlardı. Vaktiyle sırf gırgır olsun diye dövdükleri kardeşleri değildi konuşan.

"Şöhret seni değiştirmiş..." dedi Turabi.

"Mesele benim değişmiş olmam değil. Sizin değişmemiş olmanız. Hâlâ 32 sene önceki gibi giyiniyorsunuz. Aynı geyikleri çeviriyorsunuz. Milattan önceki raconları kesmeye çalışıyorsunuz. Kokunuz bile aynı! Çok havalı olduğunuzu sanıyorsunuz ama sadece iki moruksunuz! Sizin gibi fosillerle takılmaktansa enseme kurşun yemek bin kat iyidir!"

"Harbiden böyle mi düşünüyorsun?"

Berkay gözlerini öndeki kamyonun plakasına sabitlemişti. "Hiç şüpheniz olmasın!"

Celayir silahı beline soktu, arkasına yaslandı. "Eyvallah birader, artık genç değiliz. Ama ölmüş de sayılmayız. Bu yüzden para lazım."

"Biliyorum, alacaklılarınızla tanıştım."

"Ne alacaklısı?"

"Hapse girmeden herifin tekine borç takmışsınız. Kuddusi diye bir adam. Bana ödetmeye kalktılar. Şu hayatta sizin yüzünüzden bir kaçırılmadığım kalmıştı."

"Bizim kimseye borcumuz yok."

"Evet" dedi Turabi. "Herhalde bir yanlışlık olmuş. Görmeyeli âlem bozulmuş, normaldir."

"Gidin de bunu o adamlara anlatın."

"İcap ederse anlatırız sen rahat ol. Ama sahiden biz o kadar moruk muyuz?"

"Ne istiyorsunuz benden?" dedi Berkay soğuk soğuk.

"Koruman olmak istiyoruz."

"Ne?"

Celayir son nefesi çekti. Camı aralayıp attı izmariti. "Sabah yengeyle konuştuk. Neyin peşinde olduğunu biliyoruz. Dünyayı fethedecek bir kitap yazacakmışsın. Bunun için şehir şehir dolaşacakmışsın. Böyle işler korumasız yapılmaz."

"Bizi işe almanı istiyoruz" dedi Turabi. "Koruma hizmeti karşılığında kitaptan kazanacağının yüzde yirmisini alacağız."

Şahane fikirdi doğrusu: Polis tarafından aranan iki bitirim eskisi tarafından korunmak. Karşılığında da olmayan bir paranın beşte birini vaat etmek. Anadolu'nun bağrında çocukluk kâbuslarıyla takılmak. Sonunda hep beraber hapsi ya da mezarı boylamak. Kim istemez?

"Tabii masraflar da senden. Seyahat, konaklama, yeme-içme falan."

"Bu aralar biraz nakite sıkışığız da."

Sulusepken yağıyordu. Hava kararıyordu. Ankara'yı Konya'ya bağlayan D715 karayolu saate ve mevsime göre kalabalık sayılırdı. Tuareg'in motoru tevekkülle devam ediyordu işini yapmaya. Birden, yol kenarındaki reklam panosunda Natalie Portman'ı gördü. Parfüm şişesi tutuyordu. Yüzünde her şeyin yolunda gittiğini söyleyen bir ifade vardı.

Berkay'ın içi minnetle doldu. Yine tam zamanında çıkmıştı karşısına; umudunu kaybetmek üzereyken. Şimdi arka koltuktaki moruklara boş verip işine odaklanmalıydı. Bir planı vardı ve geri dönüşü yoktu.

"Ee, ne diyorsun teklifimize?"

"Kabul ediyorum," dedi Berkay. "İnsanın ailesi gibisi yoktur."

15

Konya caddelerinde otel arayan Berkay hayal kırıklığı yaşıyordu. Tamam, dönerek gelip boynuna çiçek halkası geçirecek semazenler tarafından karşılanmayı beklemiyordu. Ama yine de Mevlânâ'nın şehrini farklı hayal etmişti.

Geniş bulvarları, gökdelenleri, ışıklı reklam panoları ve trafiğiyle modern bir şehirdi Konya. Bu kadar cami de olmasa insan kendisini Nişantaşı'nda sanabilirdi. Tek fark, orada geceleri sokakta daha çok kadın olurdu. Ama kadınların evde oturmayı seçmesi de Konya'yı Berkay'ın beklediği diyar yapmamıştı.

Mevlânâ'nın Şems'e âşık olmasına ve bir dizi skandala yol açmış o manevi iklimi hissedemiyordu. Şu durumda dünyayı fethedecek Mevlânâ romanını nasıl yazabilirdi? Ama sebep arka koltuktaki susmak bilmeyen iki mumya, midesinin kazınması ya da saatlerdir direksiyon sallamaktan bitap düşmesi de olabilirdi. Sakinleşmeli ve otel bulmaya bakmalıydı. Rezervasyon yaptırmamakla hata etmişti.

"Bak, şurası fena değil!" dedi Celayir, parmağıyla bir oteli gösterip.

"Sokakta yatarım daha iyi."

"Tamam, patron sensin."

Yarım saatte başlarını beş yıldızlı turizm mabetlerinden birine sokmayı başardılar. Berkay ağabeylerinin otelde polise enselenmeden nasıl kalacağını merak ediyordu. Onları neden bizzat ihbar etmediğini de merak ediyordu. Berkay'ın okuru çıkan resepsiyonist kızsa heyecandan ağabeylerinin kimliklerini merak etmedi. Kurtuluş hayal oldu.

Asansörde "Unutma, artık benim adım Polat" dedi Celayir. "Onunki de Memati."

"Valla şahane isimler seçmişsiniz. Tebrikler."

"Beğenemedin mi? Berkay'dan iyidir!"

Odada uydu yayını, kablosuz internet, jakuzi, her şey vardı. Yatağın başucunda Mevlânâ'nın hayatını özetleyen (Türkçe ve İngilizce) bir kitapçık duruyordu. Yola çıktığından beri kapalı olan telefonunu açıp karısından gelmiş tek mesaj görünce şaşırdı.

"Müsait olduğunda ararsan sevinirim" diyordu Zeynep. "Evle ilgili gelişmeler var, konuşmamız gerekiyor."

Hepsi buydu işte: Ne meraktan delirmiş cümleler ne bir sitem. Sevinsin mi üzülsün mü bilemedi. Eskiden olsa Zeynep telefonu mesaja boğmuştu. Süvarileri alarma geçirmişti. Bunları yapmıyorsa ya artık Berkay'ı umursamıyordu ya da çözmek için Berkay'a ihtiyaç duymadığı başka sorunları vardı. İki ihtimal de can alıcıydı ve elem vericiydi.

Sonra postaları kontrol etmeye başladı. Paslanmaz bıçak seti reklamıyla kredi kartı ekstresinin arasında Elif Şafak'tan gelmiş bir cevap gördü.

Elif Şafak mı?

Elif Şafak'a mektup yazmamıştı ki? Yani evet, yazmıştı ama gönderdiğini hatırlamıyordu. Yoksa göndermiş miydi? Eğer o fena mektubu gönderdiyse ve hatırlamıyorsa bunun anlamı neydi? Dalgınlık? Demans? Fenafillah?

Merhaba Berkay Bey,

Tabii ki sizi tanıyorum. Aşk Romanlarının Unutulmaz Yazarı'nı kim tanımaz? Neticede hepimiz gönül insanlarıyız, birbirimizden haberdar olmamız normal. Nazik sözleriniz içinse eyvallah.

Sorunuza gelince: Mevlânâ romanı yazmak plan programla olacak iş değil bence. Bırakın onun nefesi nefesinize karışsın, nasıl olsa doğru zaman gelecektir. Ama bu yolun tehlikelerle dolu olduğunu da söylemek zorundayım. Hiç tahmin edemeyeceğiniz tehlikeler! Bunu bir dost uyarısı olarak takdir ederseniz sevinirim.

İnşallah yazdıklarım bir nebze yardımcı olur. Çalışmalarınızda kolaylıklar dilerim. Zâtınıza hoşça bakınız.

E.Ş.

Arka arkaya beş kez okudu. Hepsinde de aynı şaşkınlığı yaşadı. Bu da ne demek oluyordu şimdi?

Kısacık bir mektupta dünyaca ünlü bir yazar tarafından önce şımartılmış, sonra da uyarılmıştı. Gerçi şımartılma kısmı hiç fena değildi. Zaten *Elif* ile mektuplaşmanın gurur okşayıcı bir yanı vardı. Ama tehlike lafları ederek Berkay'ı yıldıracağını sanıyorsa da çok yanılıyordu: Parti bitti yavrum, artık rakipsiz değilsin!

Mektubu altıncı kez okurken kapı çalındı. Koridordaki iki karaltı koskoca Elif Şafak ile mektuplaşan birine şunu demeye cüret edebildiler: "Hadisene koçum, acıktık!"

Berkay'ın aynı ailede doğma hatasını işlediği iki neandarthal etli ekmek diye tutturunca en yakın lokantaya çöktüler. 'Mevlânâ İştahı' diye bir yer bulmuşlardı. Yerdeki siniler ve duvardaki kilimlerle otantik bir yerdi. Duvarlar yedi düvelden ademoğulları ve havvakızlarının etli ekmek yerken çekilmiş fotoğraflarıyla süslüydü.

"Yazacağın roman bu dükkân gibi olmalı" dedi Turabi on dakika sonra ve ağzından ekmek parçacıkları saçarak.

"Hah. Edebiyat eksperi konuştu."

"Onu hafife alma" dedi Celayir. "Herif mapusta senin bütün kitaplarını devirdi."

"Ne kadar gurur duydum bilemezsin."

Turabi sataşmayı anlamadı yahut ciddiye almadı. "Tabii lan! Şu fotoğraflardaki turistlere bak! Japonlar, zenciler, Almanlar... Hepsi ne kadar mutlu. Sen de öyle bir Mevlânâ romanı yazacaksın ki okuyana etli ekmek tadı verecek!"

"Mevlânâ romanı olacağı daha belli değil" dedi Berkay, yediği şeyden bir anda soğuyarak.

"O zaman ne arıyoruz oğlum biz burada? Bu yaştan sonra hidayete ermeye mi geldik?"

"Size gelin diyen olmadı. Ayrıca işimi sizden öğrenecek değilim, tamam mı?"

"Akıllı ol lan!" dedi Celayir, çatalını Zaloğlu Rüstem'in gürzü misali sallayıp. "Bizi işe aldın diye böyle konuşamazsın!"

"Konuşursam ne yaparsın!"

Birden, yanlarında dikilen gölgeyi fark ettiler. Başlarını çevirip bakınca ufak tefek bir genç gördüler. Geriye taranmış siyah saçlar, karga burun ve top sakal. Konuşurken küçük gözlerini heyecanla kırpıyordu. "Özür dilerim... Sizi birine benzetiyorum ama... Yoksa Berkay Uysal mısınız?"

"Ta kendisi" dedi Turabi. "Biz de ağabeyleri oluruz."

"Evet, ben bahsettiğiniz kişiyim" dedi Berkay, Turabi'ye ters ters bakarak.

"Çok memnun oldum. Adım Hamlet. Sizin okurunuz sayılırım. Ayrıca istemeden konuşmanıza kulak misafiri oldum. Yoksa Mevlânâ hakkında kitap yazmak için mi şehrimizdesiniz?"

"Tabii ki öyle" dedi Celayir.

"Sen kapar mısın çeneni?" dedi Berkay.

Hamlet gözlerini daha da sık kırpmaya başladı. "Eğer öyleyse size rehberlik edebilirim. Benim atalarım Mevlânâ Celaleddin Rumi Hazretleri ile uzaktan hısım sayılır."

"Bak sen..." dedi Celayir.

"Evet. Hatta Elif Hanım'a da kitabını yazarken ben yardımcı oldum."

Berkay'ın dikkatini çekmeyi nihayet başarmıştı. "Elif Şafak'tan mı bahsediyorsun?"

"Aynen... İsterseniz yarın size de şehri gezdirebilirim. Uygun bir ücret karşılığında. Pişman olmazsınız, İç Anadolu'nun Paris'idir Konya."

"Şahane! O zaman sabah otelde buluşalım," dedi Turabi.

"Hayır..." dedi Berkay.

"Hayır mı?"

"Sabah Hamlet ile ben yalnız buluşacağım. Siz ikiniz gelmeyeceksiniz. Tam on buçukta lobide ol genç adam. Zira çok işimiz var."

16

Sabah lobiye indiğinde Hamlet süs bitkilerinin yanında yeşermekteydi. Berkay karısıyla uzun bir konuşma yapmıştı. Telefonu karışık duygular içinde kapatmıştı.

"Güzel bir ev bulduk" demişti Zeynep. "Bahçeli falan. İstersen resimleri gönderirim. Bir an önce taşınmak istiyorum."

"Yardıma ihtiyacın olmadığına emin misin?"

"Resimlere ne kadar çabuk bakıp onaylarsan o kadar yardım etmiş olursun."

"Şu durumda resimlere hiç bakmadan onaylarsam daha da fazla yardım etmiş olurum, değil mi?"

"Aslında öyle. Bir gün daha bu evde kalmak istemiyorum."

Balkondan düşen adamla beraber aralarına bir perde inmişti. Gayrı Berkay'ın yaptığı hiçbir şey Zeynep'i ilgilendirmez gibiydi. Belki de o gece kaldırıma çakılan paylaştıkları kaderdi. Muhasebeye hazır değildi. Dikkatini Konya'da geçireceği güne ve dünyayı fethedecek romana verdi. Ödenen bedeller amacı daha önemli hale getiriyordu. Aslında tam tersi daha mantıklı olurdu ya neyse.

Otelden çıkıp Mevlânâ Müzesi'ne yürümeye başladılar. Hava soğuktu ama güneşliydi. Günışığında Konya farklı görünüyordu. Selçuklu başkentine yaraşır bir heybeti, tarihi zarafeti vardı. Doğru iz üstünde olduğunu düşünerek keyiflenmek isterdi.

“Konya’mızı nasıl buldunuz?”

“Aslına bakarsan henüz bir şey bulduğum yok. Ama senin de yardımınla bir an önce bulacağımı umuyorum.”

“Anlıyorum” dedi Hamlet. Aslında tek anladığı, yazar milletinin alengirli konuşma merakıydı. “Çok güzel, hele şu külliye de süpermiş” falan deseler ölürlerdi sanki.

Mevlânâ Müzesi bir saat aldı. Berkay belgesellerde izledikleri dışında bir şey bulamadı. Derviş hayatını anlatan balmumundan heykellerle el yazması *Mesnevi* tabii ki müthişti. Yine de bakınca özel şeyler hissedemedi. İlahi ışıklar gözünü almadı. Semavi hisler kalbine dolmadı. Kulağına efsunlu sesler eşliğinde roman konusu çalınmadı. O kadar yolu boşuna mı gelmişti?

Midesinde kahvaltı etmediğini hatırlatan bir gurultu vardı. Rehberine yakınlarda büfe falan var mı diye sordu.

“Söyle bakalım Hamlet” dedi tostunu bitirince. “Yazarları gezdirmek dışında ne yaparsın?”

“Hiç.”

“Nasıl hiç?”

“Yani daha önce çalışmak zorunda kalmadım. Babam aşiret reisi. Yani öyleydi. Cihanbeyli’yi bilir misiniz?”

“Konya’da aşiret mi var?”

“Cihanbeyli’nin en büyük aşireti bizimki. Konya aşiretlerinin de en büyüklerinden.”

“Hım... Peki ne oldu babana?”

“Geçen yıl bu vakitler sizlere ömür.”

“Başın sağ olsun.”

“Dostlar sağ olsun.”

“Şimdi senin aşiret reisi falan olman gerekmiyor mu?”

“Gerekiyordu ama işler ters gitti. Babamın vefat haber geldiğinde Londra’da üniversitedeydim. Döndüğümde bir baktım amcam annemle evlenmiş. Aşiretin başına da onun geçmesine karar vermişler.”

“Annen nasıl razı olmuş?”

“Ona fikrini soran olmamış.”

“Amcan konmuş aşirete desene.”

“Sadece öyle olsa yine iyi.”

Birden sessizleşti Hamlet. Herhalde koskoca yazarın canını ailevi sorunlarla sıkmak istemiyordu.

Haksız da sayılmazdı: Mevlânâ Müzesi’nde aradığı ilhamı bulamadığı için canı sıkılan Berkay’ın aslında hikâyenin geri kalanını merak ettiği yoktu. Yine de ayıp olmasın diye sordu. “Dahası da mı var?”

“Var aslında” dedi delikanlı, müzenin kubbesinden havalanan güvercine dervişâne bakarak. “Babamı amcamın öldürdüğüne inanıyorum.”

“Yok artık.”

“Kulağa saçma geldiğini biliyorum. Ayrıca kanıtım da yok. Ama öyle olduğuna eminim.”

“Böyle şeylerden kolay kolay emin olunmaz.”

“Biliyorum. O yüzden babama inanmakta ben de zorlandım.”

“Ha?”

“Rahmetli rüyama girip katilinin amcam olduğunu söyledi. Bu her gece tekrarlanınca neden olmasın dedim. Amcam hayatı boyunca babamı kıskanmış. Daha iyi ata biniyor, daha iyi cirit oynuyor, daha iyi güreşiyor diye. Konya’nın en güzel kızını aldı diye. İkisini yan yana görseniz yemin ederim amcam babamın karikatürü gibidir.”

“Böyle düşündüğünden haberi var mı?”

“Maalesef var. Bu yüzden aşiretten dışlandım. Hatta Londra’ya dönmezsem başıma iş geleceğini söyleyip beni tehdit bile etti. Neyse, böyle şeylerle kafanızı şişirmeyeyim.”

“Niye hâlâ buradasın peki?”

“Öcümü alacağım zamanı bekliyorum. Şehirde saklanarak yaşıyorum. Rehberlik yaparak geçiniyorum. Babamın mezarını açıp kafatasını çıkardım.”

“Kafatasını mı çıkardın?”

“Evet. Şimdi evde duruyor. Her gece onunla konuşuyorum. Beni biraz rahatlatıyor.”

“Bunları Elif Şafak’a da anlattın mı?”

“Tabii ki hayır. O kitabını yazarken babam hayattaydı. Annem mutluydu ve güzeldi dünya.”

Berkay saatine baktı. Öğleye geliyordu. Hamlet’e parayı özel sorunlarını anlatsın diye ödemeyecekti. Acilen Mevlânâ ruhunu hissetmeye ve onun içinden dünyayı fethedecek bir roman süzmeye ihtiyacı vardı. Müşterisinin sabırsızlandığını gören rehber hesabı istedi.

Tuttukları taksiyle Şems-i Tebrizi Türbesi’ni, Alaeddin Tepesi’ni, Karatay Medresesi’ni ve Meram Bağları’nı gezmeyi bitirdiklerinde vakit akşamüstüydü.

Hepsinde aynı şey olmuştu. Berkay bu ulvi yerlerden etkilenmesi gerektiğini fark etmiş ama ilhamı yakalayamamıştı. Kıramadığı bir şifre vardı; frekansına giremiyordu Konya’nın. Etrafta değil tavşan deliği, tavşan bile göremiyordu. Aklına değil roman, fıkra bile gelmiyordu. Nasrettin Hoca’nın hazinesi Akşehir’de kalmıştı.

Telaşlanıp strese girince bağlantıyı tamamen kaybetti. Görevini canla başla sürdüren rehbere çaktırmamak için gezi boyunca not tutar gibi yaptı. Kareli bloknotuna karaladıkları birtakım geometrik şekillerle Natalie Portman'ın beceriksizce çizilmiş bir portresinden ibaretti.

Şehir merkezine döndüklerinde Hamlet "İnşallah yararlı olabilmişimdir hocam" dedi. "Kusurumuz olduysa affola."

Otelin önünde duruyorlardı. Berkay yaşadığı fiyaskoyu belli edecek kadar kaba bir insan değildi. "Estağfurullah kadeşim, her şey için teşekkür ederim. Borcum ne kadar?"

17

Ertesi gün öğle yemeğinin ardından Konya'dan ayrıldılar. 18 saat sonra Kars'ta olmalarını sağlayacak D300 otobanına çıktılar. Celayir ve Turabi midelerini etli ekmekle tıka basa doldururken yeni bir kriz patlak verdi. İki ağabeyi Berkay'ın niye böyle saçma bir güzergâh izlediğini anlamıyorlardı. Her mantıklı insanın yapacağını yapıp önce Diyarbakır'a, sonra Van'a, en sonunda da Kars'a gitseler olmaz mıydı?

"Olmaz çünkü ben öyle istiyorum" dedi Berkay. "İşte o kadar!"

Turabi derin bir nefes aldı. Nedense böyle yapınca göğsü sızlıyordu birkaç yıldır. "Bak Abidin, Mevlânâ hikâyesi bulamadın diye canın sıkkın, tamam. Ama bunun acısını bizden çıkarma."

"Benim adım Abidin değil!"

"Ah pardon, Berkay" diyerek sırıttı Celayir. "Aşk romanlarının kıçının kenarı."

Berkay tam karşısında oturan Celayir'in yakasına yapışıverdi. O daha ne olduğunu anlayamadan robotik bir sesle konuştu. "Bana bak dingil. İlham bulamamış bir yazarın ne kadar psikopatlaşabileceğini hayal bile edemezsin. Bir daha bu şekilde konuşursan sizi on dakika içinde deliğe geri tıktırırım. Anladın mı?"

"Aman aman çok korktum" dedi Celayir. Gerçekten korkmuş gibiydi ya da Berkay yakasını çekiştirdiği için öyle çıkıyordu sesi.

Berkay sesini yükseltti. "Anladın mı dedim!"

"Tamam beyler, sakin..." dedi Turabi. Göğsündeki yaşlılık sızısıyla baş etmeye çalışıyordu.

"Neyin var senin?"

"Boş ver. Hadi kalkalım, yolcu yolunda gerek."

"Kalp krizi falan geçirmeye kalkmayacaksın inşallah."

Turabi "Bir şeyim yok" dedi ama Darth Vader gibi soluyordu. "Hadi uzayalım artık."

"İlaç alması gerek" dedi Celayir.

"Alsın o zaman."

"İlacı bitti salağın. Reçeteli olduğu için de alamıyor."

"Bir bu eksikti. Ne halt yiyeceksin peki?"

Sonradan düşündüğünde Berkay'a garip gelen, fikri bulanın da uygulayanın da kendisi olmasıydı. Ne Turabi ne de Celayir onu zorladılar. Hatta bir şey yapmasını bile istemediler ki nasıl insanlar oldukları düşünülürse bunun acayipliği ortada.

Sonuçta Berkay tamamen hür iradesiyle bir eczaneye girip şöhretinden yararlanmaya ve reçeteyle satılan ilacı ağabeyi için reçetesiz almaya kalktı. İki başarısız denemeden sonra da son romanı *Bütün Kalplerinle Sev*'i bir solukta okumuş eczacı sayesinde amacına ulaştı.

"Keşke kitap yanımda olsaydı, size imzalatırdım" dedi eczacı, başörtüsünü heyecanla düzelterek.

"Size bir tane yollayacağım, söz" dedi Berkay, inşallah hayırsever eczacının başı ağrımaz diye düşünerek.

Turabi ve Celayir ise kardeşlerinin kendini paralamasına şaşırdılar ama ilacın bulunmasına öyle çılgınca sevinmediler. Turabi'nin ilaç bittiği için göçüp gitme ihtimali sanki ikisinin de fazla umurunda değildi.

Doğduğu aile için ilk kez bir şey yapan Berkay ise dalgınlaşmıştı. Hiç durmayan yağmurun pıtırtısına sileceklerin tevekkülle eşlik ettiği arabayı kullanırken yıllardır hatırlamadığı şeyler hatırlıyordu. Anne-babasının ölüm haberini aldığında pek bir şey hissetmemişti. Onları, birer ayakları çukurda iki hayalet olarak hatırlıyordu. Yüzleri bile gelmemişti gözünün önüne. Cenazeye gidip kendisini doğururken öldüğünü umduğu Abidin ile karşılaşmak gibi çılgın fikirleri de yoktu.

"Konya'dan bir şey çıkmadı ha?"

Soruyu soran Turabi'ydi. Göğsündeki ağrıdan kurtulduğu için çok daha dinç görünüyordu. Berkay'ın yanına oturmuştu.

"Maalesef. Rehberin garip ailevi sorunlarını dinledim o kadar. Belki de boşa kürek çekiyorum."

"Haydaaa. Nedenmiş o?"

"Boyumdan büyük bir işe kalkışmış olabilirim. Belki de baştan beri beni vazgeçirmeye çalışanlar haklı."

"Hemen pes etme! Mevlânâ'dan başka yabancıların hoşuna gidecek mevzu mu yok memlekette?"

"Bakacağız. İnşallah vardır."

"Bence senin zulüm görmen lazım."

"Ne?"

"Mapustayken solcu bir oğlanın gazetesinde okumuştum. Zulüm gören yazarlar listesi diye bir şey varmış. O listeye girdiğin zaman Avrupa'da önün açılıyormuş."

"Nasıl oluyormuş o?"

"Oralarda televizyona falan çıkıyorsun. Adın duyuluyor. Bence olman lazım o listede. Hatta bu yaşa kadar girememiş olman ayıp."

"Haklısın. Şu an seninle konuşarak yeterince zulüm görüyorum zaten."

"Sen dalganı geç bakalım. Sonra demedi deme."

"Senden bir şey rica edeceğim. Allah aşkına işimle ilgili fikirlerini kendine sakla olur mu?"

"Eyvallah, sen bilirsin. Zaten yardım etmek isteyende kabahat."

Berkay cevap vermedi. Diğeri de başka şey söylemeyince konu kapanmış oldu. Beş dakika sonra da Turabi katıldı arka koltukta horlayıp duran Celayir'e.

Horultu düeti eşliğinde Berkay hatırladı: Bu zulüm görme meselesi kendisinin de aklına gelmişti. Gerçi eleştirmenler tarafından hor görülmek, köşe yazarlarının hışmına uğramak, sosyal medyada linç edilmek falan zulümse padişahını görmüştü. Defalarca gururu kırılmış, küçük düşürülmüş, ruhu yaralanmıştı. Ama Turabi'nin listesine girmek için görmesi gereken zulümler bunlar değildi. Siyasi işlere bulaşmak gerekiyordu. Ölüm tehdidi almalıydı. Mahkemelerde sürünmeliydi. Sonra gelsin *Der Spiegel*'de röportajlar, *Guardian*'da kitabını öven yazılar.

Buna haksızlık denirdi: Türkiye'de insanın fikirlerinden dolayı yargılanması kendi yaşadıklarından daha zor değildi ki. İktidarın nasırına basacak bir şeyler söylemek yeterliydi. Hatta iktidarda kimin olduğu bile fark etmezdi. Nasılsa hepsi eşit derecede alıngandı. Üstelik Berkay gibiler haybeye zulüm görürken bu yolu seçenler kahraman oluyordu.

Yine de acı gerçeği kabul etmeliydi: Hepsi kendi hatasıydı. Ülkesinin yazarlara sunduğu zulüm listesinde hep yanlış şıkları işaretlemişti. Bunun için kimseyi suçlayamazdı.

Gün doğarken asfalt çizgileri birer kuğuya dönüşüp dans etmeye başlayınca direksiyona Turabi'nin geçmesine razı oldu. Arka koltukta birkaç saat kestirdi. Rüyasında Natalie Portman ona sallanmayı bırakıp romanı bir an önce bitirmesini söylüyordu. Tam kadına niye bu kadar acele ettiğini soracaktı ki sert bir frenle uyandı. Güneş yükselmişti, karlı dağlara bakılırsa Erzurum civarındaydılar.

“Hadi kahvaltı edelim” dedi Celayir. “Oltu’ya geldik, cağ kebabı yemeden olmaz.”

“Sabah sabah ne kebabı?”

“Sen istersen yeme. Benim midem kazınıyor.”

Hava İskandinav asıllıydı. Genellikle kamyoncuların uğradığı restoran cağ kebabı ve kolestrol kokuyordu. İkisini orada kaderlerine terk edip yürüyüşe çıktı. Çevrenin Rus romanlarına benzeyen, donuk bir güzelliği vardı. Yolun karşı tarafında iki çocuk ateş yakmıştı. Yanlarındaki köpek gelene geçene havlıyordu. Baktığını görünce gülerek el salladılar. Hareketlerinde insanın içini ısıtan bir doğallık vardı.

“Anadolu’nun her köşesi başka güzel, değil mi Berkay Bey?”

Arkasını döndü ve Cinayet Büro Amiri Atakan Yontuç’un kalın kaşlarıyla karşılaştı. Karların ortasında iki siyah çizgiydiler.

18

“Demek çocuğu balkondan onlar atmamış ha? Peki buna inanmalı mıyız?”

“İster inanın ister inanmayın, söyledikleri bu.”

Atakan Yontuç’un bej renkli arabasında kahve içiyorlardı. Ön camdaki böcek ölüleriyle çamur izlerinin arasından restoranın kapısı görünüyordu ama içeridekilerin onları görmesi zordu. Arka koltukta Atakan’ın yassı kafalı yardımcısı dergi okuyordu. Elini yakan plastik bardağın aksine, Berkay’ın içinde frijit bir his vardı.

“Ama sizden o kadar rica etmeme rağmen beni aramadınız. Demek ki onlara inanmışsınız.”

Berkay cevap vermedi. Adam haklıydı, ne diyebilirdi ki? Ayrıca kahvenin tadı midesini bulandırmıştı.

“Siz bir gönül adamısınız” diye devam etti Atakan. “Bunca yıl sonra kavuştuğunuz kardeşlerinize kıyamamış olabilirsiniz. Hapishane kaçkını iki katil bile olsalar.”

Celayir ve Turabi’ye kıyamamak fikri Berkay için içtiği kahveden bile mide bulandırıcıydı. Ama fırsat bulmasına rağmen polisi aramadığı da doğruydu. Neler oluyordu böyle?

“Şimdi beni tutuklayacak mısınız?”

Atakan arkasına dönüp yardımcısının okuduğu dergiye vurdu. "Furkan, sen etrafı bir kolaçan et hadi."

Arabada yalnız kaldıklarında "Mecbur kalmadıkça sizi tutuklamayı düşünmüyorum Berkay Bey" dedi. "Meşhurlara kelepçe takma meraklısı polislerden değilim. Çoğu meslektaşımın sandığının aksine, o kadar da havalı bir hareket değil bu. Ayrıca balkondan düşen adam artık beni eskisi kadar ilgilendirmiyor. Hatta ağabeylerinizin hapishane kaçkını olmasıyla da ilgilenmiyorum. Şu anki amaçlarıyla ilgiliyim."

"Şu anki amaçları mı?"

"Bir amaçları olması lazım."

"Yazacağım romanın gelirinden pay almak istiyorlar. Beni korumaları karşılığında."

Atakan direksiyona kahve püskürterek güldü. Sonra cebinden kâğıt mendil çıkarıp etrafı kuruladı. "Demek yaşlı kurtlar edebiyat dünyasına girmeye karar vermiş ha?"

"Yazacağım romanın dünya çapında başarı kazanması söz konusu" dedi Berkay gururlu bir sesle.

"Sizin adınıza çok sevindim! Ama yine de o iki fosilin cezaevi nakil aracından kaçmayı becerebilmesi normal değil. Muhtemelen ciddi bir yerden yardım aldılar ve buna bağlı gizli bir planları var."

"Nasıl bir plan?"

"Tahminlerim var ama şimdilik söylemesem daha iyi. Sadece dikkatli olun ve gittiğiniz her yerden bize bilgi verin."

"Beni takip mi edeceksiniz?"

"Ediyoruz ya işte... Cep telefonunuz yanınızda olsun yeter. Bir de vereceğim cihazı torpido gözüne saklayıverin. Durumu ikisine çaktırmayın dememe herhalde gerek yoktur. Bırakın sizi kullandıklarını düşünsünler. Tehlikeli olmalarından iyidir. Bu arada, karım imzalı kitabınıza bayıldı. Size çok teşekkür ediyor."

Celayir restorandan cağ kebabına doymuş halde çıktığında Berkay'ı polisin gittiği yöne ters ters bakarken buldu. Neye baktığını anlamadı. Bir şey soracakmış gibiydi.

"Ben yemeyeceğim" dedi Berkay.

"Hesabı ödemek lazım. Bizde nakit yok."

Kars'a öğleden sonra vardıklarında Rus romanı ne demekmiş gördüler. Şehir kar altındaydı, yer yer yükselen blokların bile bozamadığı, Kiril alfabesinde bir güzelliğe sahipti. Berkay şehre şimdiden Orhan Pamuk'un romanındaki siyasi gerilimi arayarak bakıyordu. Bu sefer akıllı davranıp yer ayırttığından otel konusunda rahattı içi.

Eski bir Rus evinin turizme kazandırılmış haliydi otel; bembeyazdı, internettekinden bile cazip görünüyordu. Resepsiyonist Berkay'ın kim olduğunu bilmiyordu. Turabi ve Celayir'e sahte kimliklerini verenlerse ne yaptıklarını çok iyi biliyorlardı.

"Beyler işte anahtarlarınız" dedi kadın, hiçbir şeyden kuşkulanmadan.

"İnşallah bugün bir planımız yoktur" dedi Celayir. "Yorgunluktan gebermek üzereyim."

"Yarım gün izni hak ettik!" dedi Turabi.

Berkay odaya çıkar çıkmaz telefonu Zeynep'ten gelmiş bir mesaj bulmak umuduyla açtı ama onun yerine Lokman Bayer'den gelmiş bir mesaj buldu.

"Düşündüm de, şu dünyayı fethedecek roman yazma fikrinin Natalie Portman ile ilgisi olabilir" diyordu ünlülerin kafa doktoru. *"İkisinin aynı anda hortlamış olması belki de tesadüf değil. Bu konuda konuşmamız gerekiyor. Yarın 15.30 sana uygun mu?"*

"Aman ne büyük keşif..." diye mırıldandı Berkay mesajı silerken.

Hava kararırken otelden çıktı. Karlı sokaklarda kapüşonu başına geçirmiş yürürken kendisini bir Orhan Pamuk kahramanı gibi hissetmek istiyordu. Ne var ki Atakan Yontuç'un söyledikleri çıkmıyordu aklından. Ahı gitmiş vahı kalmış ağabeyleri hangi planın parçası olabilirdi? Gençliklerinde bile o zekâda değillerdi ki. Ama hapisten kaçmayı başka türlü beceremeyecekleri iddiası da aynı sebeple mantıklı görünüyordu. Nasıl bir işe bulaşmıştı böyle? Üstelik tam da romanını yazması gerekirken!

Kar altında arşınladı Kars sokaklarını. Kâh düelloya giden Puşkin oldu, kâh çarın has adamı Mişel Strogoff. Ne var ki şehrin güzelliği aradığı ilhamı ona sunmadı. Konya'dakine benzer bir telaşa kapıldı. Zaman hızla akıyor ama dünyayı fethedecek roman konusunu getirmiyordu.

Düşüncelerini dağıtan, inşaatın tepesindeki gölge oldu.

Elli metre uzaktaydı. Halinde bir gariplik vardı. Biraz daha yaklaştığında, genç bir kız olduğunu anladı. O soğukta incecik elbiseyle tepede dikiliyordu. Tenha sokakta onu tek bir Allah'ın kulu fark etmemişti. Kenara yaklaşıp aşağı bakmaya başladığında Berkay kızın ağladığını gördü. Çılgın planını anladı. Bağırarak koşmaya başladı.

"Yapma! Dur! Deli misin!"

Sokaktakiler ne olduğunu anlamadan kız kendini atıp Berkay'ın tam üstüne düşmüştü bile. On beş saniye boyunca o pozisyonda karlı kaldırımda yattılar. İkisi de gökyüzüne bakıyordu. Yüzlerine alacakaranlıktan döne döne düşen kar tanelerine. Berkay kolundaki acıyla, kız hayretle.

"Hepsi babasının suçu" dedi İstanbullu doktor. "Aslında iki babanın da suçu. Çocukları mahvettiler."

Gevezenin teki olan doktorun odasında sigara içiyorlardı. Sol kolu alçıda olduğu için Berkay'ın canı sıkkındı. Tek derdi yazamayacak olması değildi. Bu halde araba da kullanamazdı. Kıza hiçbir şey olmamıştı. Sadece atlamadan önce bir sürü hap yuttuğu için midesini yıkamışlardı.

"Bunlar Kars'ın en kalantor ailelerinin çocukları hocam. İki sülale birbirine yıllardır gıcık. Vaktiyle meydan kavgası yapmışlar, vali zor ayırmış. Tehdit etmiş bunları alayınızı içeri attırırım diye. Sonra oğlan ne akla hizmetse öbürlerinden birinin düğününe sızmış. Orada kızı görmüş çarpılmış. Fakat kızın babasının ağaya sözü var. Biraz büyüsün evlendirecek."

Berkay onu dinlemiyor ve düşünüyordu: Kars'a gelmekle hata etmişti. Orhan Pamuk'un anlattığı türden, batılıların başını döndürecek siyasi öyküler yoktu burada. Sokakta masum insanların kafasına düşen kaçıklar vardı. Bunu anlaması için şehirde bir akşam geçirmesi yetmişti.

"İşin pis tarafı..." dedi doktor. "Oğlan elini kana buladı. Kızın sülalesinden biri sokakta bunun kankasına laf atmış. Kavga büyümüş, sonunda çekip vurmuş herifi. Jandarma haftalardır onu arıyor."

Berkay sabah Van'a doğru yola çıkmalıydı. İnternette belgeselini gördüğü halı atölyesini bulmalıydı. İçinden bir ses aradığının orada olduğunu söylüyordu. Hem şu dünyada uçan halı kadar popüler bir şark motifi var mıydı? Olmadığı için de Berkay burada kek gibi zaman kaybediyordu.

"Bir de meğer gizlice imam nikahı kıymış keratalar! Şimdi bu deli oğlan gidip ağayı da vurursa hiç şaşmam! Ne dersiniz hocam?"

"Efendim?"

Anlattıklarının tek kelimesinin bile dinlenmediğini fark eden doktor mahcup olmuştu. "Afedersiniz hocam, kafanızı şişirdim."

"Estağfurullah" dedi Berkay.

19

Kars'ın en müstesna otelinin resepsiyonisti uykusundan birinin feryadıyla uyandı. Feryat eden, otele o gün haydut kılıklı ağabeyleriyle gelmiş yazardı. Adamın gündüz sağlam görünen kolu şimdi alçılıydı ve suratı mordu.

"O ikisinin arabamı alıp gitmesine nasıl izin verirsiniz!" diyordu kadına deli deli bakarak.

"Berkay Bey lütfen bağırmayın, diğer misafirler rahatsız olacaklar."

"Olsunlar! Hiçbiri benim kadar rahatsız olamaz! Tabii arabalarını önüne gelene beleşe dağıtmazsanız!"

"Ağabeyleriniz oldukları için bir mahsur görmedik. Size not bıraktılar."

Berkay kâğıdı gözü seyirerek aldı. Doktorun ısrarı yüzünden o akşam hastanede kalmayı kabul etmişti. Ama gece yarısı acayip rüyalardan uyanıp kendisini tanımadığı bir şehirdeki hastane odasında bulunca tanımadığı bir şehirdeki otel odasında olmak daha cazip gelmişti. Rüyalardan birinde gökyüzünden çeşitli yaş ve ebatlarda Natalie Portman'lar yağıyordu. Berkay kaçmaya çalışıyordu. Kars Kalesi'ndeki dijital ekranda tek canının kaldığı yazıyordu. Ter içindeydi uyandığında.

Nottaki el yazısı son derecede düzgündü ve *"Güzel kardeşim Berkay"* deniyordu. *"Senin Kars'taki edebi araştırmaların herhalde birkaç gün sürer. Bizi yanında istemiyorsun, anladık. Boş oturacağımıza biraz pasımızı silelim diye düşündük. Bir rehberle tanıştık, Gürcü manitalar tanıyormuş. Arabayı sormadan aldık kusura bakma. Mapustan sonra ilk defa âleme akıyoruz, biraz şekilli olalım dedik. Yarın akşam falan döneriz. Şans dile lan abilerine."*

Birden, "Geçmiş olsun Berkay Bey" diyen bir erkek sesi duyuldu. "Üzüldüm kolunuza."

Bu sefer arkasını döndüğünde Atakan Yontuç ve kaşlarıyla karşılaşacağını biliyordu artık. Hemen alışmıştı aynasızın stiline.

"Bakıyorum ağabeyleriniz sırra kadem basmış."

Otelin önüne çıkıp birer sigara yaktılar. Sigara dumanı ağızlarından çıkan buhara karışarak minyatür bulutlara dönüşüyordu.

"Şimdi anladınız mı o cihazı arabanıza takmanızı niye istediğimi?"

Berkay aletin hâlâ ceket cebinde durduğunu hatırladı. Bilmediği bir sebeple onu torpido gözüne koymamıştı. Çıkardığında haşat halde olduğunu gördü. Kız üstüne düşünce kırılmıştı herhalde.

"Dert etmeyin lütfen. Pahalı bir şey değildi. Yenisini veririz."

"Yenisini falan istemiyorum. Bu beladan derhal kurtulmak ve romanımı yazmak istiyorum."

"Tamam işte. Biz de sizi beladan korumak istiyoruz. Bunun için de yardımınız gerek. Dediğimi yapmadığınız için izlerini kaybettik. Allah bilir cep telefonları olmadığını söylemişlerdir."

Berkay takip cihazından geriye kalanları sağlam eliyle girişteki çöp kutusuna attı. "Bir şey söylemediler ama görmedim telefon falan."

"Bıraktıkları nota bakabilir miyim?"

Polis kâğıtta yazanları okuyunca kaşlarını oynatarak sinirli sinirli güldü. "Sizce de tuhaf değil mi?"

Berkay'ın aklından "Asıl tuhaflık seninle burada kıçımız donarken muhabbet etmemiz" cümlesi geçti. Sonra kendi durumunun daha az tuhaf olmadığını hatırlayarak sessiz kalmayı seçti. O gün kafasına inşaattan kız düşen Atakan değildi sonuçta.

"Lütfen bir yazar olarak söyleyin. Sizce bu nottaki el yazısı eğitimsiz bir serserininkine benziyor mu?"

"Valla aynı şeyi ben de düşündüm."

"Size söylemiştim. Var bu işin içinde bir iş."

"Nedir tahmininiz?"

"Dediğim gibi, emin olmadan söylemem doğru olmaz. En azından güvenliğiniz için. Size tavsiyem onlar dönene kadar beklemeniz. Dönerlerse tabii."

"Peki ya dönmezlerse?"

"Soruları benim sormam en hayırlısı. Umarım aradığınız ilhamı burada bulursunuz. Kars için Doğu'nun Paris'idir derler."

Minibardaki iki küçük viskiyle üç kutu birayı yarım saatte tüketti Berkay. Yine de uyuyamayınca televizyonu açtı. *Aşk Filmlerinin Unutulmaz Yönetmeni* oynuyordu. Nedense filmi gördüğüne bu sefer sinirlenmedi. Hatta bazı yerlerini komik bile buldu. Şener Şen'in kendisini negatiflere dolayıp yakmaya çalıştığı sahnede de nihayet başardı sızmayı.

Telefonun sesiyle uyandığında solgun gün ışığı odayı doldurmuştu, hem kolu hem de başı ağrıyordu.

"Berkay Bey, lobide ziyaretçiniz var."

Ziyaretçi ha? Kim bilir Atakan Yontuç'un aklına yine hangi müthiş fikirler gelmişti. Ona "Defol git be adam!" diyecek cesareti olsaydı keşke. Olmadığı için bir Apranax aldı. Tek koluyla güçbela giyinip lobiye indi. Ne var ki ortalıkta Atakan görünmüyordu.

"Ziyaretçiniz şurada..." dedi resepsiyondaki sarı bıyıklı genç.

Sarı bıyığın parmağı lobiyi ikiye ayıran akvaryumu gösteriyordu. Berkay akşamdan kalma vücudunu sürükleyerek yürüdü. Pisi balıklarıyla yosunların perdelediği koltukta oturan genç kızı gördü. Önceki akşam inşaattan atlayanın ta kendisiydi.

"Berkay Bey?"

Genç kızın güzelliğini daha önce fark etmemişti. Hem kafasına düştüğünde hava karanlık olduğu hem de apar topar ambulansa sokulduktan sonra onu bir daha görmediği için. Bebek yüzlüydü kız. Bukleli siyah saçları ve küçük bir burnu vardı. Deve tüyü rengi uzun bir paltoyla siyah çizmeler giymişti.

"Evet, ben oluyorum."

Kız aniden Berkay'a sarılıp ağlamaya başladı. "Ah hocam, çok özür dilerim, ne kadar utanıyorum bilseniz!"

"Önemli değil..." dedi Berkay afallamış bir halde.

"Kolunuz nasıl?"

"Eh işte..."

"Adım Jülyet..." dedi burnunu çekerek. "Az kalsın büyük bir hata yapacaktım. Siz olmasaydınız... Benim yüzümden şu olana bakın! Sadık bir okurunuzum. Sizin tarafınızdan kurtarılmış olmak ne kadar romantik!"

"Anlıyorum, fakat..."

"Odanıza çıkabilir miyiz?"

"Ne?"

"Paylaşmak istediğim bir şey var ama burada olmaz. Fazla zamanınızı almayacağım, söz."

Berkay birkaç saniye düşündükten sonra kabul etti. Madem şehirde ağabeylerini beklemek zorundaydı, zamanını çoluk çocukla çene çalarak geçirebilirdi pekâlâ.

Hiç konuşmadan odaya vardılar. Jülyet asansörde dikilirken ve koridorda yürürken hep önüne bakmıştı. Lafa nereden başlayacağını bilemeyen bir öğrenci gibiydi. Kaç yaşındaydı acaba? 18? 20? Taş çatlasa 22.

Bütün bu izlenimler odaya girmelerine ve Berkay kapıyı kapatana kadar sürdü. Arkasını döndüğünde ilk gördüğü kızın omuzlarından aşağı kayan paltosu ve ortaya çıkan vücuduydu. Tabii inşaattan atlarken giydiği incecik elbiseyi saymazsak.

"Jülyet ne yapıyorsun?"

"Daha bir şey yapmıyorum..."

Kız sırtlan gibi gülerek yaklaşıp kollarını Berkay'ın boynuna doladı. "Ama yapacağım. Büyük bir hayranınım senin."

"Sen aşk yaşamıyor muydun? Düşman ailenin oğluyla?"

"Evet ve artık çok sıkıldım! Yeter! Sülale boyu düşmanlıktan da, intihardan da gına geldi! Sevgilim olacak gerzeğin de işi toparlayacağı yok. Dün tepene düştüğüm zaman akıllandım. Artık gerçek erkeklerle gerçek şeyler yaşayacağım!"

Bunu söyledi ve Berkay'ın dudaklarına yapıştı. *Aşk Romanlarının Unutulmaz Yazarı* bu sahneyi romanlarında yüzlerce kez yazmıştı. Yine de başardı karşı koymayı.

"Lütfen küçük hanım" dedi kızı kibarca iterek. "Ben evli bir erkeğim."

20

Ertesi gün, Kars ile Van arasındaki D975 yolunda seyreden cipteki üç orta yaşlı adamın da keyfi yerindeydi.

Aheste gitmelerinin nedeni arabayı Turabi'nin kullanmasıydı. Berkay, ağabeyinin direksiyona geçmesine hız sınırını aşmayacağına yemin edince izin vermişti. Yalan yere yemin Turabi için sorun değildi. Kolu alçılı Berkay'ın da fazla pazarlık şansı yoktu. Gaza basmak için kendisinin uyuyacağı anı beklediğini adı gibi biliyordu. Celayir ise sigarasını tüttürmek ve yaşadıkları âlemi ballandırmakla meşguldü.

"İki cıvırı aynı anda götürmeyeli yıllar olmuştu, ilaç gibi geldi şerefsizim! İliğimi kemiğimi kuruttu vicdansızlar!"

Berkay bu muhabbeti dinlerken Jülyet'i düşünüyordu. Anlatmak için yanıp tutuşsa da bu saatten sonra ağabeyleriyle yüz göz olmak gibi bir niyeti yoktu. Varsın kendileri âlem yaparken Berkay'ın armut topladığını sansınlardı. En çok da kızın elinden kalp krizi falan geçirmeden kurtulduğu için gururluydu. O kadar jimnastik hareketini yapacağını düşünmek bile yorucu bir işti.

Sonuçta arabadaki herkes uzun bir aradan sonra erkek gibi hissediyordu kendini. Bu da yolculuğa bir ahenk getirmişti. Farklı sebeplerle de olsa özgüvenli erkeklerin ahengini.

"Demek Kars'tan da konu çıkmadı ha?" diye sordu Turabi.

"Sadece bir takım mahalli vakalar. Önemsiz şeyler. Batılıların hoşlanacağı türden değil."

"Keşke biraz daha kalsaydık."

"Olmaz. Zaman aleyhime işliyor."

Sınır boyunca, Ermenistan tarafındaki karlı dağları seyrederek ilerlediler. Sonra sağa dönüp Iğdır'a giden D080 yoluna çıktılar.

Soğuktu ama güneşini yolculardan esirgemeyen bir gündü. Sevimli bir derenin kenarında koyunlar otluyordu. İhtiyar bir köylü eşeğinin sırtında gidiyordu. Kırk elli haneli bir köy az ilerideki tepenin yamacına yayılmıştı. Evlerin bacalarından dostane dumanlar süzülüyordu. Berkay'ın ilkokulda öğrendiği *'Orada bir köy var uzakta. Gitmesek de görmesek de o köy bizim köyümüzdür'* şarkısı herhalde bu köyden bahsediyordu: Lanet dünyada daha uzak bir köy olamazdı ki.

Anadolu'dan uygarlıklar beşiği, kültürler kavşağı, medeniyetler köprüsü diye bahsedildiğini doğduğundan beri duyuyordu. Sadece hiç bununla ilgilenmek zorunda kalmamıştı. Berkay'a göre tarih boyunca milletin birbirini tepelediği tekinsiz bir yerdi Anadolu. Berkay olmadan önceki hayatını geçirdiği arka sokaklar gibi.

Anadolu'yla ilişkisi yılda birkaç kez Antep, Trabzon, Diyarbakır gibi büyük şehirlere teşrif etmek ve imza gününden sonraki ilk uçakla İstanbul'a geri dönmekten ibaretti. Karşılaştığı insanlar hakkında kafa yorduğunu hatırlamıyordu. Genellikle Türkçeyi değişik şivelerle konuşan folklorik simalardı hepsi.

Evde izlediği Van belgeselindeki halıcı kızlar da öyleydi. Ama içindeki ses aradığı ilhamın onlarda olduğunu söylüyordu. Batılı okuru kalbinden vuracak silahlar. Belgeseli çekenlerin tetiği çekmemiş olması garipti doğrusu.

Yolda belgeseli tabletinde baştan sona tekrar izledi. Yaşlı bir Vanlı eski bir yetimhaneyi atölyeye dönüştürmüştü. Köyleri orduyla PKK arasındaki bitmek bilmeyen çatışmalar yüzünden boşaltıldığı için Van'a göçmek zorunda kalmış ailelerin kızlarına meslek kazanma şansı vermişti. Yaşları 9 ile 16 arasında değişen kızlardı. Bütün gün arı gibi çalışarak renk renk, desen desen halılar dokuyorlardı. Ellerine geçen parayla ailelerine bakıyorlardı. Van'da erkeklere fazla şans yoktu.

Atölyenin sahibi geleneksel halılardan, desenlerin ve renklerin anlamlarından, kök boyasının yapılışından bahsediyordu. Berkay'ın tek yapması gereken yaşlı adamı bulup konuşturmaktı. Atölyede zaman geçirmekti. Şansı yaver giderse içinde hem Anadolu halıları hem iç savaş hem fakirlik hem de genç kızlar olan Nobellik bir konu patlatabilirdi.

Bu fikir o kadar heyecan vericiydi ki Berkay'a kırık kolunu, peşindeki Atakan Yontuç'u, hatta dün gece reddettiği kızı bile unutturmuştu.

"Uçan halılar..." diye mırıldandı kendi kendine. "Uçan halıların ayrodinamiği."

Turabi yan koltuktaki kardeşinin kulağında kulaklık ve gözlerinde heyecanla ne yaptığını merak etti. "Bir şey mi dedin birader?"

"Yok bir şey. Yavaş sür biraz."

Van onları kehribar kokusu ve uzayan gölgelerle karşıladı. Üç yıl önceki depremde yıkılanların yerine yapılan binalarla tamamen yıkılmadıkları için harap halde duranlar tarihi bir zıtlık oluşturmuştu. Berkay'ın beklediğinden daha modern, daha kalabalık ve daha üzgün bir şehirdi. Kadınlar sokaklarda dolaşıyordu. Erkekler kahvehanelerde gazete okuyordu. Etrafta çadır kentler artık yoktu ama devletin depremzedeler için diktiği toplu konutlar vardı. Van acı şeyler yaşamış ama bir şekilde atlatmış kişilere benziyordu. Böyle insanların yanında kendini kötü hissederdi Berkay.

"Bahsettiğiniz kişiyi tanımıyorum..." dedi otelin resepsiyonundaki kalın bıyıklı, pehlivana benzeyen genç. "Öyle bir atölyeden de haberim yok. İsterseniz yarın belediyeye sorun, yardımcı olurlar belki."

"Belediyede kime soracağım?"

"Orasını bilemem. Depremden beri kimin kimden haber aldığı pek belli olmuyor."

Lobide oturup kara kara düşünmeye başladı. Bir yanı belgeseli çekenlere ulaşıp atölyenin yerini sormadığı için pişmanlık duyuyordu. Ama bir yanı da avını paylaşmamaktan yanaydı. Belgeselin yönetmeni de yazardı nihayet; sorular sormaya başlayacaktı. O zaman da Berkay'ın niyetini anlayacaktı tabii. Duruma uyanıp dünyayı fethedecek romanı kendisi yazmak isteyebilirdi. Berkay bu riski alamazdı.

"Pardon... Halı atölyesini mi arıyorsunuz?"

Soruyu soran kat görevlisi kadınlardan biriydi. Mavi üniformalı, yorgun görünümlü ve soluk benizli. Kollarında bir deste katlanmış mavi çarşaf. Berkay kadının yüzünü bir yerden hatırlıyordu ama nereden?

"Evet. Yerini biliyor musunuz?"

"Neden arıyorsunuz onu?"

"Sahibiyle röportaj yapmak için. Ben yazarım. Atölye hakkında yazmak istiyorum."

"Atölye falan yok!" dedi kadın buz gibi bir sesle.

O zaman Berkay kat görevlisini nereden hatırladığını buldu. Daha bir saat önce yolda gelirken tekrar izlediği belgeseldeki halıcı kızlardan biriydi. En büyük hayalinin önce okumak sonra da annesini rahat ettirmek olduğunu söyleyen güleryüzlü Elhan'ın ta kendisi.

Köydeki oyunlarından neşeyle bahseden Elhan.

Deve kılından bir kilimi altı günde tek başına dokuyan ateş parçası Elhan.

Yemek molasında arkadaşlarına Kürtçe türkü söyleyen Elhan.

Ama çok değişmişti. Artık gülmüyordu. Belgeselin çekilişinden beri geçen yıllar onu orta yaşlı, canından bezmiş bir kadına çevirmişti. Berkay içinse esas trajedi kadının söyledikleriydi.

"Ne demek yok? Ne oldu atölyeye?"

Elhan ürkek gözlerle resepsiyondaki kalın bıyıklı gence baktı. Konuşmayı başından beri izleyen pehlivan başıyla olur verince derin bir nefes alıp acı acı gülümsedi.

"Kim olduğunuzu biliyorum Berkay Bey. Şu çarşafları bırakıp geleyim, her şeyi anlatacağım."

21

Berkay kadının ne anlatacağını hiç merak etmiyordu.

Lobide beklemesinin bir sebebi varsa o da başka ne halt edeceğini bilmemesiydi. Bütün umudunu halı atölyesindeki kızlara bağlamıştı. Ama tek bulabildiği o kızlardan birinin on yıl yaşlanmış haliydi. O da tek darbede atölyeyi başına yıkmıştı. Şimdi enkazın ortasında oturuyor ve dünyayı fethedecek romanın molozların altında kalışını seyrediyordu. Uçan bir halıya binmiş ama *ayrodinamik* sorunlar yüzünden yere çakılmıştı. Aman ne harikaydı. Keşke oracıkta ölseydi.

Yine de bu durum kadının beş dakika sonra gelip bir şeyler anlatmasına engel olmadı. Belgeseldeki genç halinin aksine bitkin ama sabırlı bir sesle konuşuyordu.

Belgesel çekildikten birkaç yıl sonra barış süreci başlayıp çatışmalar durunca atölyedeki kızların çoğunun ailesi köye dönmek istemişti. Van'da erkekler iş bulamıyordu. Halılardan gelen para da öyle aman aman değildi. Bu yüzden dokumacılar giderek azalmıştı. Lear Amca yine de atölyeyi yaşatmak istiyordu ama yaşlanmıştı. Kendisini eskisi kadar sağlıklı hissetmiyordu. Yıllarını verip yetiştirdiği kızların kendisinden kolayca vazgeçmesi de çok koymuştu adama. Kendine ve sezgilerine eskisi kadar güvenemiyordu.

Özgüvenini kaybeden insan kabalaşır: Zamanla o eski Lear Amca gitmiş, yerine huysuz bir ihtiyar gelmişti. Bir desen yanlış dokunmayagörsün hemen köpürüyordu. Hatayı yapana demediğini bırakmıyordu. Bu da kızların ayrılmasını hızlandırmıştı. O zaman daha da aksileşmişti. Kısır döngüyü görüyor ama yine de gidişatı değiştiremiyordu. Kimsenin kendisini sevmediği vehmine kapılmıştı. Sonunda üç öz kızını toplayıp gereksiz bir test yapmak istemişti.

Kızlarına kendisini ne kadar sevdiklerini sormuştu. Duygularını dobra dobra anlatsınlar diye.

En büyük kız babasının bunadığını düşünse de işin ucunda miras olabilir diye başlamıştı övgüleri sıralamaya. Şu dünyada hiçbir evlat babasını onun kadar sevemezdi. Onun sevgisinin yanında Van Gölü su birikintisi gibi kalırdı. Şehirdeki bütün kilimleri getirseler kalbindeki babasına ait yeri kaplamaya yetmezdi. Kurban olsundu babasına.

Bu laflarla havaya giren Lear Amca sözü ortanca kızına verdiğinde o da ablasından aşağı kalmamıştı. Babasını bir güneşe, kendisini de onun etrafında dönen gezegenlere benzetmişti. Tek bir gök cismi olmakla yetinemeyecek kadar çok seviyordu onu dünyaya getiren adamı.

Ablalarının ettiği lafları hayretler içinde dinleyen en küçük kız ise ne diyeceğini bilememişti. İçlerinde tek bekâr oydu; dövmeleri, siyah ojeleri ve deri ceketiyle ortama hiç uymuyordu. Gelmeden biraz ot çekmiş olmasına rağmen kendisi dışındaki herkesin saçmaladığının farkındaydı. Bunu söylediği zaman da evin içi buz kesmişti.

"Madem ablalarının cevaplarını beğenmedin o zaman kendininkini söyle" demişti Lear Amca korkutucu bir sesle.

"Pardon, soru neydi?"

"Babanı ne kadar sevdiğini soruyoruz be kızım!"

"Ne kadar olacak, bir evladın babasını seveceği kadar" diye kestirip atmıştı en küçük kız.

Sahneye tanık olanlar Lear Amca'nın yüzünün önce ala sonra da mora çalıp nihayet sarıya benzer bir renkte karar kıldığını anlatmışlardı. Derken bağırmaya başlamıştı. Kızcağızı nankörlükle suçlamış ama yüzündeki laubali ifade değişmeyince de evden kovmuştu. Atölye ve arazisi iki ablaya kalıyordu böylece.

Lear Amca'nın tahmin etmediği bir şey vardı: Damatları oraya AVM dikmek istiyordu. Plan ortaya çıkınca Lear Amca ortalığı dağıtmıştı ama boşuna. Atı alan Van Gölü'nü geçmişti çoktan. Dozerler atölyeye dalmıştı. Ne var ne yoksa ezmişlerdi.

Ortalığı dağıtmanın para etmediğini gören yaşlı adam bu sefer de kendisini dağıtmıştı. Sayıklayarak dolaşıp küçük kızına yaptığı haksızlıktan dolayı lanetlendiğini söylüyordu. Hayali kişilerle konuşur olmuştu. AVM heyecanını ağız tadıyla yaşayamayan ablalar çareyi babalarını akıl hastanesine kapattırmakta bulmuştu. Lear Amca haftasına tüymüştü hastaneden ama evine de dönmemişti. Van sokaklarında pejmürde dolaşıyordu. Bankamatik kulübelerinde uyuyordu. Küçük kızı tarafından affedileceği günün hayaliyle yaşıyordu. Kızın depremde can verdiğini söylememek konusunda şehirde sessiz bir anlaşma vardı.

"İşte böyle..." dedi Elhan, mavi üniformasından sarkan iplikle oynayarak. "Geçen gün karşılaştık, beni tanımadı bile."

"Hımm..." dedi Berkay.

"İsterseniz sizi ona götürebilirim. Bugünlerde uyuduğu bankamatiği biliyorum."

Berkay "Gerek yok" dedi. O anda son istediği şey Van'ın delisiyle takılmaktı. Kendi derdi kendisine yeterdi zaten. "Zahmet etmeyiniz. Muhtemelen yarın ayrılıyorum."

"Şehrimizi nasıl buldunuz?"

"Valla gezmeye pek fırsat olmadı ama güzele benziyor."

"Göle gidin mutlaka. Hatta Akdamar Adası'na geçin. Çok güzel kiliselerimiz, kaplıcalarımız var. Bir iki gün ayırın, pişman olmazsınız. Doğu'nun Paris'idir Van."

Berkay kadını dinlemiyordu çünkü otelin lobisi dönmeye başlamış ve bütün renkler solmuştu.

Konya'da ve Kars'ta olduğu gibi, tek bulabildiği hayal kırıklığı ve hüsrandı. Bu nasıl bir evhamdı? Natalie Portman'ın verdiği mesajlar neden hedefe ulaşmamıştı? Kifayetsizlik miydi sorun yoksa ihtirasın ayarsızlığı mı? Sıradan tesadüfleri tevâfuk sanıp olmayacak duaya amin mi demişti? Ona mı kalmıştı dünyayı fethedecek roman yazmak? Edebiyat dehaları dururken niye Aşk Romanlarının Unutulmaz Yazarı'nı seçsindi kader?

Sorular düşünce baloncuklarının içinde süzülerek yükselip lobinin tavanına çarpınca patlayarak yok oluyordu. Bir kişi de demiyordu ki aga bu nedir.

Berkay sehpadaki dergide gülümseyen Natalie Portman'a dik dik baktı. Onun gazıyla Van'a gelmiş ama uçan halılar yerine yaşlı bir adamla üç kızının deli saçması hikâyesini bulmuştu. Karşılarına böyle bir hikâyeyle çıksa kıçlarıyla gülerdi batılı yayıncılar.

Bir an içinden gidip ağabeylerine dert yanmak geldi. En azından kafayı dağıtmasına yardımcı olurlardı belki. Sonra Atakan Yontuç'un onlar hakkında söylediklerini hatırladı.

Sonra kızını kaç gündür aramadığını hatırladı.

Sonra da kendi anne ve babasını hatırladı.

Alzheimer olanları anlayışla karşıladı: Hatırlamak unutulası bir işti.

Sokağa çıktığında kendisini elli yaşındaki insanların en yaşlısı gibi hissediyordu. Oysa daha birkaç gün önce elli yaşındaki insanların en genci gibi hissetmişti. Elli yaş belki de yaşlılıktan gençliğe sonra tekrar yaşlılığa yuvarlanılan bir şarampoldü. İnsanın kafası gözü acıyordu.

"Sen kim olduğunu sanıyorsun!" diyen karısı, yayıncısı, kafa doktoru haklıydılar. Aslında Natalie Portman'ın Berkay'a ihtiyacı yoktu. Berkay'ın Natalie Portman'a ihtiyacı vardı; hayatın beyhudeliğini unutmak için.

Peki hayat ne ara beyhude hale gelmişti? Tam olarak hangi gün? Saat kaçta? Bir aile, iyi kazandıran bir iş, Şişli'de bir apartman nesine yetmiyordu? Yoksa her şey ikinci el bir elli yaş bunalımı mıydı?

Düşüncelerini Hazreti İsa'nın çarmıhı gibi sürükleyerek yürüdü caddenin köşesine kadar. Berkay'ı orada en son Nişantaşı'nda gördüğü vişne çürüğü renkli külüstür minibüs bekliyordu. Ense kökünde berbat bir acı hissetti. Sonra birileri kafasına çuval geçirdi. Birkaç saniye sonra tekrar duydu minibüsün gübreli teneke kokusunu.

22

Alçısız kolu iskemleye bağlı, başında çuvalla otururken bir burukluk hissediyordu. Ne zamandır bu haldeydi? Bir saat? Beş saat? Yarım gün? Midesi bu kadar boş ve idrar torbası dolu olduğuna göre sabahtı herhalde. Galiba biraz da uyumuştu. Bu sefer rüyasında Natalie Portman'ı görmemişti. En ihtiyaç duyduğu anda kim bilir hangi rüyaları süslüyordu haspa. Kimlerin boş hayaller peşinde mahvolmasına sebep oluyordu.

Berkay'ı üzen başındaki çuvaldan çok buydu. Yıllar süren ilişkiler sonunda işte bu menzile varıyordu.

Leon'u ilk izlediğinde otuz yaşındaydı, ilk romanlarıyla parlamış bir yazardı. Sinemaya Zeynep'le gitmişlerdi. Ne hikmetse bu olaya o devirde "çıkmak" deniyordu. On dört yaşındaki Natalie filmde on iki yaşındaki Matilda'yı canlandırıyordu. Berkay baba olmayı ilk o zaman istedi. Zeynep'e söylemese de o gün kafasında iki şey netleşti: Zeynep'le evlenecek ve kızınını adını Matilda koyacaktı.

Natalie'nin gerçek hayatta yetim olmadığını öğrenince öksüzler gibi sevindi. Bir akşam Susan Sarandon'un kızını canlandırdığı filmden çıktıklarında yirminci yüzyılın son demleriydi. Berkay'ın yeni romanı *Aldığım Her Nefeste* çok satanlar listesine bir numaradan girmişti. Müge iki yaşındaydı. Matilda ismini Zeynep sevmemişti.

"Natalie Portman'ı seviyorum" demişti yağmurda taksi çevirmeye çalışan karısına. "Kalbimin bir parçası ona ait."

"Zaten film yıldızlarının işi bizi kendilerine âşık etmektir. 'Milyonların sevgilisi' ne demek sanıyorsun?"

"Ama benimki farklı."

"İşte bu illüzyonu yaratabilenler film yıldızı olur zaten. Sen kişiye özel bir duygu yaşadığını sanırsın halbuki dünyada aynı şeyi hisseden en az beş yüz milyon kişi daha vardır."

Berkay karısı tarafından hafife alınmaya alışkındı. Daha evlenir evlenmez "ünlü yazar"dan "sifonu bozan sarsak" statüsüne inmişti. Arada daha alt kademeleri de görüyordu. Yine de şikâyetçi değildi. Zeynep'in küçümseyici tavırlarını latif bile buluyordu. Yine de duygularıyla alay edilmesinden hoşlanmamıştı. Neyse ki Zeynep yıllar içinde Natalie ile beraber yaşamayı öğrendi. En azından öyle görünmeyi.

Natalie ve Berkay kuzey ve güney kutbu gibiydiler. Aralarında tüm enlemleri kaplayan bir manyetik alan vardı. Üstelik her filmiyle biraz daha serpilip olgunlaşıyordu. Natalie çocukluktan uzaklaşıp genç bir kadına dönüştükçe Berkay ondan bazı mesajlar aldığını fark etti. Sanki beraber bir şeye hazırlanıyorlardı.

2010'da *Siyah Kuğu*'yu seyrettikten sonra daha fazla dayanamayıp anlattı bunları Zeynep'e. Ünlülerin kafa doktoru Lokman Bayer hayatına işte o zaman girdi.

Zeynep'in üniversiteden arkadaşıydı Lokman. O zamandan beri kadına meftundu. Boğaziçi Üniversitesi Oyuncuları'nda beraber Ariel Dorfman'ın *Ölüm ve Kız* oyununda rol almışlardı. Kadının kendisini ve oyunculuk kariyerini elinin tersiyle itip Berkay gibi bir sümsükle evlenmesini kabullenememişti. Bu yüzden kocası için yardım isteyince sinsi bir sevince kapıldı. Hele Natalie Portman meselesini öğrendiğinde zil takıp oynayacaktı. Demek şöhreti kaldıramayan Aşk Romanlarının Unutulmaz Yazarı nihayet tırlatıyordu. Lokman'ın tek yapması gereken Berkay'ın kafayı yemesine çaktırmadan yardımcı olmaktı.

Zeynep gibi bir kadın varken kim severdi Hipokrat'ı.

Şeytani planını Berkay üzerinde iki yıl uyguladı. Güya onu Natalie Portman'dan vazgeçirmeye çalışıyordu. Asıl amacıysa erotomanisini besleyerek takıntının kökleşmesini sağlamaktı.

Pratik bir yöntem bulmuştu: Ne zaman Natalie'den mesaj aldığını söylese Berkay'ı övmeye başlıyordu. Konuyu romanının başarısına ya da kravatının şıklığına getiriyordu. Çoğu meslektaşı gibi onaylanma arzusunun pençesindeki Berkay iki yıllık terapinin sonunda Natalie Portman uğruna dünyayı fethetmeye hazırdı artık.

Bilge bir yazarın dediği gibi, hadi geçmiş olsundu.

Sonuçta Van'da kafasında çuvalla iskemleye bağlı ne kadar durabileceğini bilmiyordu. Üstelik daha işkenceye bile başlamamışlardı. Öyle bir şey yaparlarsa beş dakika dayanamazdı. İstedikleri her neyse verirdi. Birkaç bin dolardan ya da bir kereden bir şey olmazdı.

Derken kapı açıldı. Ayak sesleri duyuldu. Yüzüne çarpan rüzgârın serinliği, içerisinin ne kadar havasız olduğunu fark ettirdi.

"Hayırlı sabahlar Berkay Bey" dedi bir ses. "Gördüğün gibi biz adamı nereye kaçsa buluruz."

"Yine ne istiyorsunuz benden!"

"Demek bizi hatırladın. O zaman ağabeylerinin borcunu da hatırlıyorsundur."

"Sordum yokmuş borç falan."

"VAR BORÇ FALAN!" diye haykırdı zebani. Ses yakından geldiğine göre beynine bir tane inmesi an meselesiydi; Berkay alttan almaya karar verdi. "Yani bir yanlışlık olmasın? İt kopuk da olsalar sonuçta bunak değiller. Borçları olsa hatırlarlar herhalde."

Yine de bir tane indi beynine. ÇAT!

Kitapsız neyle vurduysa, tarifsiz bir acıydı. Berkay alnından burnuna doğru süzülen kanın her alyuvarını ayrı ayrı hissetti. Kafatasının içinde ceviz büyüklüğünde bir çürük diş zonkladı. Kırık kolu kaldığı yerden sancımaya başladı.

"Kan parası..." dedi adam. "Yirmi sene önce babamı öldürdükleri için hapse girdiler. Ocağımızı söndürdüler. Bunun diyeti var."

"İyi de benimle ilgisi yok. Adamları otuz senedir görmedim bile. Niye hesabını onlarla görmüyorsun?"

"Aslında niyetim oydu. Yıllarca intikam gününü bekledim. Tüydüklerini öğrenince vakit geldi dedim. Ama ağabeylerin olduklarını öğrenince iki şerefsiz yüzünden elimi kana bulamaya gerek yok dedim. Madem meşhur kardeşleri var, babamın diyetini dolar bazında öder dedim. İyi demiş miyim?"

"Çok iyi demişsin..."

"Senden istediğim yüz bin doların buraya gelmesi. Trink olarak."

Yüz bin dolar mı? Berkay'ı ne sanıyordu Orhan Pamuk falan mı? O alt tarafı aşk romanı yazarıydı. Nereden bulsundu o kadar trink?

Hesapların kontrolü Zeynep'teydi. Onu biraz tanısanız şu durumu gözüyle görse bile beş kuruş koklatmayacağını bilirdiniz. Ne var ki Berkay'ı kaçıranlar Zeynep'i tanımıyordu. Sadece parayı tanıyorlardı. Bu yüzden de terbiyesizliği iyice ele aldılar.

"Eğer dediğimizi yapmazsan olacakları hayal et..." dedi stajyer otoparkçılar gibi konuşan bir başkası. "Seni bitirdikten sonra ahı gitmiş vahı kalmış ağabeylerinle zaman kaybetmeyiz. Direkt karına kızına yürürüz. Adresini biliyoruz."

Berkay şok içinde hatırlamaya çalıştı: Zeynep hangi gün taşınacaklarını söylemişti? Onlar evi boşaltana kadar bu herifleri oyalayabilir miydi? Zaman kazanmak için ne yapmalıydı?

Tam o anda "Selamün aleyküm millet!" diyen bir ses duyuldu.

Turabi'nin sesine benziyordu. Ama Berkay emin olamadan bunu küfürleşmeler ve bağrışmalar izledi.

Sonra dört beş el silah sesi duyuldu.

Sonra da insan bedenleri yere çarptığı zaman çıkan sesler. Sanırsınız un çuvalları tek tek devriliyor.

Derken ortalığı barut kokusu sardı. Geniz yakan ama aynı zamanda iç gıcıklayan bir esans. Bir el Berkay'ın başındaki çuvalı çekti çıkardı. Kamaşan gözlerinin ilk seçebildiği Celayir'in nursuz suratı oldu.

Marangozhane gibi bir yerdeydiler. Etrafta matkaplar, testereler ve boy boy işkenceler vardı. Yerde üç adam yatıyordu.

Celayir sırıttı. "Hadi geçmiş olsun birader."

23

Nişantaşı'ndaki ev neredeyse boşalmıştı.

Direnen son birkaç eşya taşıyıcılar tarafından karga tulumba kamyona sürükleniyordu. Zeynep mahmur gözlerle Berkay'ın çalışma odasının duvarındaki bilgisayar çıktılarına bakıyordu: Sayfalar arasındaki garip çizgilere, fotoğraflara... Eşyasız oda her zamankinden geniş ve ürkütücüydü. Zeynep duvardaki deli saçması karmaşaya ne anlam vermesi gerektiğini bilemiyordu.

Burası iniydi kocasının. Aile ocağını tüttüren aşk romanlarının yazıldığı yer. Mecbur kalmadıkça Zeynep ve Müge odaya girmezdi. Aksi takdirde Berkay ters ters bakarak onları pişman ederdi.

Ama bir roman bitmiş ve ailenin fikri gerekiyorsa iş değişirdi. O zaman yazı masasının karşısındaki koltuklara kurulurlardı. Berkay'ın okuduğu bölümleri dinlerlerdi. Berkay yazdıklarını yüksek sesle okuma konusunda iyiydi. Sesini karakterlere göre değiştirirdi. Mimik ve jestlerle bir atmosfer yaratırdı. Kendinizi harbiden edebi eser dinlermiş gibi hissederdiniz.

Romanları dinlerken gönlünü Berkay'a niye verdiğini hatırlardı Zeynep. Hayır, hiçbir zaman romantik hayaller kuran bir genç kız olmamıştı. Olsaydı zaten oyunculuğa devam eder ve şu an kofti bir diziden rol teklifi gelsin diye dua ediyor olurdu.

Zeynep'in zihni küçüklüğünden beri *ayrodinamik* ile meşguldü. Ona göre evrendeki her şeyin ayrodinamiği vardı. Bütün mesele buydu.

Ayrodinamik katı kütlelerin havayla etkileşimini inceleyen bilim dalıydı. Havayla girilen her ilişkiyle ilgiliydi. Mesela uçak kanadıyla havanın hareketi arasındaki fırtınalı ilişkiyle. Bu da Zeynep'i heyecanlandırıyordu. Babası jet pilotuydu; Kıbrıs savaşında uçağı Yunanlar tarafından düşürülünce şehit olmuştu. Zeynep de babasından kalan boşluğu Yunanca kökenli "*ayrodinamik*" sözcüğüyle doldurmuştu.

İşe erkekleri *ayrodinamik* özelliklerine göre sınıflandırarak başladı. Zeynep'in hoşuna gitmek için geniş omuzlara, jön suratına, davudi sese ihtiyaç yoktu. Havayla iyi geçinmek yeterliydi. Yürürken fazla salınmamak. Düzgün nefes almak. Böyle erkeklere sık rastlanmıyordu. Erkekler havayla çevrili yaşadıklarının farkında bile değildiler.

Lokman ise tek kelimeyle havalıydı. Bir Adonis değildi ama havayla uyum içindeydi. Rüzgâr tünellerinde hareket ediyordu. Yelkenini karşılaştığı her şeyle doldurmasını biliyordu.

Böyle kullar vardır: Âlem onlar için dizayn edilmiş gibidir. Hiçbir fırsatı ıskalamazlar. Olaylar arasında süzülerek istedikleri limana varırlar. Sadece kendileri varsa neyse; seçtikleri herkesi de atarlar güverteye.

Zeynep'le *Ölüm ve Kız* oyununun seçmelerinde tanıştılar. Zeynep işkence görmüş kızı, Lokman da işkenceci doktoru canlandırmak istiyordu. Lokman psikoloji okuyordu. Psikanaliz denen oyuna bayılıyordu. Ona göre mesele insanın maziyi yanlış okumasıydı. Öyle ne yaptığını bilen bir hali vardı ki Zeynep birkaç provadan sonra aradığı erkeği bulduğunu düşündü.

"Bence evlenmeliyiz Lokman" dedi. İlk temsillerinin başarısını kutlamak için bara gitmişlerdi.

"Bu da nereden çıktı?"

"Çünkü *ayrodinamik* kanunları bunu gerektiriyor."

"Ne kanunları?"

"Bir araya geldiğimizde mükemmel bir tasarım oluşuyor, farkında değil misin?"

"Eeeh, biraz açsan iyi olacak..." dedi Lokman, üzerinde bira markası yazan bardak altlığını evirip çevirerek.

"Muhteşem bir icada dönüşüyoruz. Rüzgâr kanatlarımızdan akıp gidiyor. Hava akımları vücutlarımızı birbirine yaklaştırıyor. Beraber olduğumuzda bulutlarla yarışıyoruz. Sence de öyle değil mi?"

"Bilmem, öyle mi?"

"Yapma, bunu fark etmemiş olamazsın."

Lokman köşeye sıkıştığını hissediyordu. Bunun telaşıyla hayat boyu pişmanlık duyacağı cevabı verdi. "Özür dilerim Zeynep ama ben maalesef senin baban değilim."

"Ne... Bu da ne demek şimdi?"

Kızın yüz ifadesinden Lokman'ın fena battığı anlaşılıyordu. Ama ok yaydan çıkmıştı artık. "Yani hayallerindeki kahraman pilot değilim. Sadece bir üniversite öğrencisiyim. Beraber iyi bir frekans yakaladık kabul ama bunun için kendimizi cezalandırmak niye? Hem evlilik nedir ya? Ne evliliği? Bu devirde üniversitede evlenmek mi kalmış?"

Bahtsız Lokman kızın o lafları duygusallığından ettiğini sanmıştı. Bu yüzden de cevap verirken kendisini hıçkırıklara ve abartılı tepkilere (suratına bira fırlatılmasına falan) hazırlamıştı. Oysa Zeynep gözlerini kırpıştırdı. Derin bir nefes aldı ve "Pekala" dedi: "Yazık oldu, seninle gerçekten havalanabilirdik."

"Özür dilerim Zeynep."

"Önemli değil. Gökyüzü çok büyük ve bizim gibi kuşlar bir kez karşılaşırlar. O an bir şey ya olur ya olmaz. Bir daha bu konuyu açmayacağım. İnşallah arkadaş kalmamızın senin için mahsuru yoktur."

"Hepsi bu kadar mı?"

"Ya ne olacaktı?"

"Yani ağlamayacak mısın?"

"Ben bir kez ağladım. Kapıya babamın şehit olduğunu haber vermek için geldiklerinde. Cenazede bile ağlamadım. Gözyaşlarının hayatın türbülansına faydası yok."

Sonra hiçbir şey olmamış gibi havadan sudan konuştular. O yarım saat içinde Lokman çılgınca âşık oldu Zeynep'e. Hayatında hiç böyle birine rastlamamıştı. Bundan sonra rastlamayacağı da çok belliydi. Allah belasını versindi, ne yapmıştı böyle!

Okul bitene kadar kızın kalbine ulaşmanın yolunu aradı. Ama arkadaşlık denen o iğrenç duvara tosladı durdu. Zeynep düğmeye basmış ve öbür kanala geçmişti. Filmin sonunu tahmin ettikten sonra belgesel izlemeye başlamıştı. Geri dönmek için sebebi yoktu. Kampüsteki herkes Lokman'ın perişanlığını gördü ama Zeynep fark etmedi bile.

Mezuniyetten yıllar sonra ortak bir arkadaşlarından Zeynep'in oyunculuğu bırakıp evlendiğini öğrendi. Hem de kiminle? *'Aşk Romanlarının Unutulmaz Yazarı'* lakaplı Berkay Uysal diye biriyle.

Herifin romanlarından birini aldı. Birkaç sayfadan sonra hayatta daha berbat bir şey okumadığına karar verdi. Zeynep gibi klas bir kadın ucuz aşk romancısına yar olmuştu ha? Bunun kendi eşekliğinden kaynaklandığını bilse de olgunlukla karşılayacak yapıda değildi. Hemen kitap yazmaya ve bu iş nasıl yapılır göstermeye karar verdi. Öyküleri entelektüel çevrelerde beğenildi. Bundan Zeynep'in haberi olmadı.

Lokman'ın yazdıklarında *ayrodinamik* yoktu. Sebebini maalesef biliyordu.

Kocasının romanlarının edebi değeri var mıdır bilmiyordu Zeynep. Aslında umurunda da değildi. Çünkü Berkay'ın kendi zihnindeki tasarıma uygun olduğunu ilk görüşte anlamıştı.

Berkay kanatlanmaya hazır bir delikanlıydı. Doğru ortakla gökyüzünü istila edebilirdi. İmza gününe bu önseziyle gitti. Romandaki kızın kendisine benzediğini bu yüzden söyledi. Günün birinde yatağa girdiklerinde yanılmadığını anladı: Beraber müthiş bir icat olacaklardı.

"Şu hale bak. Aklını tamamen kaçırdı zavallı."

Zeynep boş odada yankılanan sesi duyunca döndü, kapıda duran Lokman'ı gördü. Armani takımıyla bıçak gibiydi. Elinde kaşmir bir palto tutuyor ve Berkay'ın duvarındaki kâğıt karmaşasına acıyarak bakıyordu.

24

"Sen daha iyilerine layıksın Zeynep."

"Daha iyileri bana layık mı peki?"

"Canımın içi, ne demek istediğimi biliyorsun. Berkay'ın geçmişini araştırdım. Abidin'i tanımıyor olamazsın."

"Abidin'i yıllar önce keşfettim ben. Sadece Berkay bunu bildiğimi bilmiyor."

Hep böyle yapıyordu: Lokman ne zaman bir gedik açsa hemen eline ne geçerse kullanarak tıkıyordu. Ömür böyle geçmişti. Artık genç değillerdi. Gerçi Lokman açısından dert değildi. Varsın Zeynep'in kumral saçları eskisi gibi parlamasındı. Teni eskisi kadar şeffaf olmasındı. Ne gam! Kot bahçıvan tulumunun içinde taş gibiydi hâlâ.

Lokman her gün spora gidiyorsa tek sebebi Nişantaşı kızları değildi. O gün geldiğinde Zeynep'in karşısına formda çıkmak istemişti. Her şey yolunda giderse Berkay'ın birkaç yılda balatayı komple yakacağını ummuştu. Zeynep'in kendisine kalacağını. Şimdiyse çocuk gibi heyecanlıydı. Çünkü o kutlu günü hiç olmadığı kadar yakınında hissediyordu.

Duvardaki bilgisayar çıktılarına bakarak mırıldandı Zeynep. "Acaba ne yapmaya çalışıyor?"

"Ne olacak, aklı sıra dünyayı fethedecek bir roman yazacak işte!"

Lokman bunu söylerken alaycı ve umursamaz olmak istemişti ama kin dolu ve düşmanca çıkmıştı sesi. Oysa gelmeden o kadar prova yapmıştı.

"Peki bu bilgisayar çıktıları ne? Kâğıtlar arasında renkli kalemlerle kurduğu bağlantılar?"

"Korkarım bir anlamı olmayabilir Zeynep."

"Delilik mi yani?"

"Onun durumundaki insanlar kendilerince bir mantık geliştirirler ama bu gerçek dünyanınkine pek uymaz. Onlar da bozukluğu dünyayı değiştirerek düzeltme arzusu duyarlar."

"Natalie Portman'a bu yüzden mi ulaşmaya çalışıyor?"

"Sadece ulaşmaya çalışsa neyse."

"Bak hele! Başka ne yapıyor kadına?"

Lokman konuşmanın gidişatını beğenmedi: Zeynep'in kocasını tatlı kaçık, sevimli deli sanmasını istemiyordu. Onu ruh hastası bir şizofren sanmasını istiyordu. Kesmezse sosyopat, manyak ya da psikopat da sanabilirdi. Hiçbirinin mahsuru yoktu. Yeter ki heriften bir an önce soğusundu. Kendi kollarına koşsundu. Zeynep uğruna mesleğini kötüye kullanmıştı. Aşk uğruna daha ne yapsındı?

"Romanlarında onu yazıyor" dedi acı acı gülümseyerek ve kafa doktorlarına yakışır bir sesle.

"Romanlarında mı?"

"Evet. Yazdığı bütün esas kadınlar Natalie Portman'ın versiyonları."

"Ama böyle bir şey olsa ilk ben görürdüm."

"İnsan görmek istediğini görür" dedi Lokman. Aslında bu lafı bir araba reklamından yürütmüştü. Ama önemli değildi, ok yaydan çıkmıştı bir kere.

"Sana inanmıyorum."

"Bence inanmalısın çünkü emin olmak için romanlarının hepsini okudum. Aşk uğruna ayılıp bayılan o kadınların hepsi Natalie Portman kopyaları. Narin yüzler, hafifçe sivri çeneler, zekâ dolu ceylan bakışlar, profilden oğlan çocuğuna benzeyen çehreler, minyon vücutlar, kestane rengi saçlar, uzun boyunlar, sağ ya da sol yanakta küçük bir ben... Daha sayayım mı?"

Zeynep'in aklının karıştığı belli oluyordu. Yine de direnmeye çalıştı. "Hadi haklısın diyelim. Ne çıkar gerçekten onu yazdıysa? Gerçek hayattan biri değil ki."

"Sence nedir gerçek hayat?"

"İşte burada yaşananlar..." dedi Zeynep evi göstererek. Bunu söyler söylemez de evin boşluğu karşısında kedere kapıldı.

"Bu erotomanisinin tehlikeli bir boyuta ulaştığını gösterir. Yani kendisini gerçekten sevenleri hiçe saydığını. Mutluluğu gerçek hayatta aramadığını."

Kadının gözleri dolmuştu birden. "Ne demek istiyorsun?"

Böylece Lokman yıllardır sabırla çalışarak geliştirdiği nükleer silahı deneyeceği anın geldiğini anladı. Amerikan filmlerindeki Sovyet liderleri gibi bastı kırmızı düğmeye. "Sen Berkay uğruna oyunculuk kariyerini bıraktın. Oysa o bir oyuncuyla aşk yaşamak istiyor. Çünkü aslında seni değil senin ona hayatını adamamış halini seviyor. Durum bundan ibaret."

"Ama... Ama bu hiç..."

"Hiç *ayrodinamik* değil, haklısın. Bir uçağa iki kanat gerekir. Oysa sen yıllardır tek başına uçmaya çalışıyorsun. Adı bile sahte bir adam uğruna fırtınalarla mücadele ediyorsun. Trajik!"

"Gitsen iyi olur Lokman" dedi Zeynep burnunu çekerek. "Yalnız kalmaya ihtiyacım var."

"Öyle olsun. İhtiyaç duyduğunda nerede olacağımı biliyorsun."

Yalnız kalınca Berkay'ı aradı. Numaraya ulaşılamıyordu; yani Zeynep'i Lokman'ın saçmaladığına inandıracak kimse yoktu. Öfkeye kapıldı ve duvardaki bilgisayar çıktılarını hırsla yırtmaya başladı.

Dünyayı fethetmiş Anadolu romanları, Mevlânâ sözleri, halı dokuyan kızlar belgeseli, Konya Ovası, Kars Kalesi, Van Gölü, Diyarbakır Surları, Orhan Pamuk ve Elif Şafak... Çıktıları tek tek yolduğunda öfkesinin bu kadar kolay geçmeyeceğini anladı. Üstelik duvar şimdi eskisinden de berbat görünüyordu. Boyalar kalkmıştı. Berkay'ın renkli kalemlerle çizdiği çizgiler havada anlamsızca asılı kalmıştı.

Duvarın dibine çöküp ağlamaya başladı. Yeryüzünün kendisine doğru yaklaştığını hissediyordu.

"Anne, ne yapıyorsun?"

Kucaklarında yeşilli kırmızılı IKEA kutuları tutan Müge ve erkek arkadaşı şaşkındılar. Zeynep'i hiç böyle görmemişlerdi. Ne de olsa duvar dibine büzülüp yerli yersiz ağlamak onların işiydi, annelerin değil. Bu tripler orta yaşlılara yakışmıyordu. Dizilerde ve kliplerde ağlama krizi geçirenlerin hep gençler olması boşuna değildi.

"Bir şey yok" dedi Zeynep. "Evimizi böyle görünce birden duygusallaştım herhalde."

"Siz mi duygusallaştınız?" dedi sivilceli oğlan.

"Kapa çeneni Efehan!" dedi Müge.

Taşınma cehenneminin lavları öğleden sonra soğur gibi oldu. Eşyanın tamamı yeni eve aktarılmıştı. Çoğu yerini bulmuştu. Berkay'a ayırdıkları oda müzeye benziyordu. Elli yıl önce ölmüş de ziyaretçiler için böyle bir yer hazırlanmış gibi. Çalışma masası, kitapları, bilgisayarı, bıçak koleksiyonu yeni evle o kadar uyumsuz, öyle antikaydı ki... Odaya bir de Berkay'ın büstünü ya da balmumundan heykelini dikseler tam olacaktı.

"Ne acayip..." dedi Müge.

"Nedir acayip olan?"

"Odaya girdiğimde babam ölmüş gibi hissettim. Sanki artık edebiyat tarihinden bir sayfa olmuş."

"Taşınma işi her zaman travmatiktir. Hatta travmalar listesinde ölüm ve ayrılıktan sonra üçüncü sırada gelir. Bu yüzden de ilk ikisine benzeyen duygular uyandırır. Neyse ki geçicidir."

"Evet" dedi Müge. "Neyse ki..."

Kız sonra kolilerini boşaltmak için kendi bahçe manzaralı odasına gitti. Bahçedeki limon ağaçlarını ilk görüşte sevmişti. Dallarına fenerler, kuş evleri asmayı düşünüyordu. Zeynep salonda yalnız kalınca Berkay'ı aradı. Yine cevap alamayınca hayatında ilk kez umutsuzluğa kapıldı. O zaman da aklına gelen ikinci numarayı çevirdi.

"Kendimi iyi hissetmiyorum Lokman..." dedi. "Müsaitsen akşam uğrayabilir miyim?"

25

D360 yolu üzerinde kar yeniden başlamıştı. Bitlis çoktan geride kalmıştı ve Diyarbakır saatte 160 kilometre hızla yaklaşıyordu.

Kolu alçılı, kafası sargılı Berkay arka koltukta yatıyordu. Paltosunu yastık yapmıştı. Dertlerini zincir yapmıştı. Uykuyla uyanıklık arasında, alkışlarla yaşıyordu.

Turabi kaptan, Celayir muavindi. Teypte benzinciden alınmış Müslüm Gürses çalıyordu. Diğer Müslüm albümlerine benzemiyordu. Rahmetli bu sefer ecnebi şarkıları yorumluyordu. İnsanda göğsüne jilet atma isteği pek uyandırmıyordu. Yine de Celayir ve Turabi şikayetçi değildi. Müslüm'ün sesi Anadolu'da on müsekkin gücündeydi. Bütün hayatları şiddetle dolu da olsa şu son olaydan sonra sakinleşmeye ihtiyaçları vardı.

Berkay'ın çektiğiyse Natalie'nin rüyalardaki eksikliğiydi. Kendisini yarı yolda bırakılmış hissediyordu. Kamyon arkası yazılarını çok anlamlı buluyordu. Hayat değirmeninde yalnızlık öğütüyordu. Ömrünü yıllara değil yollara veriyordu. Pişmanlığın sızısı bağrını dağlıyordu. Mis gibi evinde olmak varken Mezopotamya soğuğunda ne arıyordu!

Rüyaların ilkinde süpürgeye binmiş uçuyordu. Gözlüklü ve pelerinli bir oğlan da bir başka uçan süpürgeyle onu kovalıyordu. Altlarından karanlık vadiler, üstlerinden ejderha sürüleri geçiyordu.

Gözlüklüden kaçıyordu çünkü oğlan Abidin'e benziyordu. Süpürgesinin üstünde "Fakirin çilesi ölünce biter" yazıyordu. Sonra bunun kızının kitaplarından bir sahne olduğunu fark etti. Başucundan yürütüp gizli gizli okumuştu, gençlerin edebi zevkini anlamak için.

Uyanık kalmak istemesine ve Müslüm'ün kreşendolarına rağmen tekrar geçti kendinden.

Bu sefer de kendisini kulede buldu. Cehennem zebanisiyle cenk ediyordu. Zebani Cabbar'a dönüşüyordu. Gözlerinden ateşler, pençesinden irinler, ağzından zehirler saçıyordu. Ona karşı elinde sadece bir yüzük vardı. Yüzüğün içindeki yazıda "Çilemse çekerim, kaderimse gülerim" deniyordu. Lanet olsun, bu da kızından aşırdığı kitaplardandı. Oysa tek ihtiyacı Natalie ve onun bal dudaklarından dökülecek bir çift tatlı sözdü. Rüyalarda bile teselli bulamamak kendini jiletleme arzusu uyandırıyordu.

Berkay evini özledi. Odasında olsa koleksiyonuna bakıp sakinleşirdi. Bir Yatağan palasının kesemeyeceği ağrı yoktu. İçinde bilenen yalnızlığın dilinden en iyi Karaefe kaması anlardı. İlk gözağrısı Bursa çakısını tutunca maddedeki gücün ruhuna akışını hissederdi. Dengeye kavuştuğunu. Ne acı kalırdı ne korku. Keşke hiç olmazsa çakıyı yanına alsaydı.

İnsanlar da bıçaklar gibiydi. Ağabeyleri geçen haftaya kadar iki paslı kamaydılar. Ama gittikçe bileniyorlardı. Allah bilir iki kişi daha vursalar iyice gençleşeceklerdi. Ne romatizmaları kalacaktı ne de kalp ağrıları.

Natalie ise farklı yaşlarda farklı bıçaklara benziyordu. Çocukluğu Sürmene çakısına, gençliği Çerkez kamasına, olgunluğu Yatağan palasına... Ebatları farklı ama keskin güzellikleri aynıydı. Koleksiyonun baş köşesinde küçükten büyüğe sıralanmışlardı.

Karısının da bıçağa benzediğini düşündü. Zeynep aslında Samuray hançeriydi. Zarafeti keskinliğini gizliyordu. Kabzası ve kını bakırdandı, üzerinde oyma balık desenleri ve nilüferler vardı.

Bakırın bitip çeliğin başladığı yerde Japon harfleriyle "Hava" yazıyordu: Dört unsurun en *ayrodinamik* olanı.

Samuray hançerlerini kavramak kolay anlamaksa zordu. Berkay yirmi iki yıl boyunca bir Samuray hançeriyle aynı yastığa baş koymuş ama bunu anlamamıştı.

Benzetmeyi romantik buldu. Keşke ağabeyleri tarafından kurtarıldıktan sonra telefonunu şarj edebilmiş olsaydı. Zeynep'e söylerdi hemen.

Olaylar hızlı gelişmişti. Turabi ve Celayir'in üç adamı zımbaladığı marangozhaneden nasıl çıktıklarını tam hatırlamıyordu. İte kaka arabaya bindirilmişti. Bir eczanede başına dikiş atılmıştı. Sonra tekrar arabaya tıkılıp bayılmıştı. Aklında bölük pörçük şeyler kalmıştı: Yerde kanlar içinde yatan vücutların seyirişi, eczacı kızın korku dolu bakışları, içirdiği ilaçlar, Van il sınırı tabelası...

Şimdiyse ağabeyleri önde demleniyor ve Müslüm dinliyordu. Mübarekler az önce Meksika sınırını geçmişlerdi sanki.

Ama Berkay onlar gibi değildi. Gözünün önünde insanların vurulmasından ya da kaldırıma çakılmasından zevk almıyordu. İşlerin daha fazla kontrolden çıkmasına izin veremezdi.

"Durdurun arabayı" dedi. "İnecek var!"

"Vay, küçük ağa uyanmış" dedi Turabi.

"Durdurun dedim. Polise gideceğim!"

"Bunun kafasına iyi vurmuşlar" dedi Celayir. "Baksana hâlâ saçmalıyor."

"Asıl saçmalayan sizsiniz. Hapisten kaçtınız diye kanundan kaçabileceğinizi mi sanıyorsunuz?"

"Böyle mi teşekkür ediyorsun seni kurtaran ağabeylerine?"

"Siz olmasanız kimse beni kaçırmayacaktı zaten! Benim bir ailem var. Bir kariyerim var. Toplumda bir yerim var. Hayatımı daha fazla mahvetmenize izin veremem!"

"Biz mi mahvettik senin hayatını?"

"Yok dedem mahvetti! Kırk yıldır hayatımın içine sıçıyorsunuz! Adam olsaydınız zaten o zaman beni korurdunuz!"

"Ne zaman korurduk?"

"Cabbar kulamparası sarkıntılık ettiği zaman. Mahallede bilmeyen yoktu. Ama siz görmezden geldiniz. Çünkü herifle iş tutuyordunuz. Öyle yapmasaydınız ben de onu deşip evden kaçmak zorunda kalmazdım!"

"Belki de haklısın" dedi Turabi.

"Ama belki de değilsin" dedi Celayir.

"Ne demek istiyorsunuz?"

Turabi bastı teybin düğmesine, Müslüm'ü susturdu. Şimdi sadece motorun ve sileceklerin sesi duyuluyordu. "Biz o zaman başının çaresine bakabileceğini düşündük. En doğrusu buydu. Başka türlü mahallenin hürmetini kazanamazdın."

"Kalsaydın Cabbar bir daha sana bulaşmazdı" diyerek lafa girdi Celayir. "Aleti neresine soktuysan artık, üç ay yürüyemedi herif. Ahali sana hürmet edecekti. Ama sen ne yaptın? Bastın gittin mahalleden. Neden? Çünkü kendini bizden üstün görüyordun. Kaderinin başka olduğunu düşünüyordun."

"Aynştayn biraderler olmayabiliriz ama salak da değiliz" dedi Turabi. "O olay olmasaydı da başka bir bahaneyle uzardın sen. Bizim gibi değildin. Doğuştan farklıydın. Seni dövüyorduk çünkü başka ne yapacağımızı bilemiyorduk."

"Sen mahalleye ait değildin" diyerek noktayı koydu Celayir. "Hatta bu dünyaya ait olduğundan bile şüpheliydik. Bizi korkutuyordun."

Berkay şaşkınlığını saklayamadı. "Korkutuyor muydum? Siz mi korkuyordunuz benden?"

"Ne yalan söyleyeyim, bildiğin tırsıyorduk" dedi Turabi.

"İçinde cin falan var sanıyorduk" dedi Celayir.

Berkay gülmeye başladı. En son ne zaman bu kadar gülmüştü hatırlamıyordu. Ettikleri itirafın farkında bile değildiler. Ayrıca sabah sabah katliam yapmış iki gangsterden çok pikniğe giden yaşlı adamlara benziyorlardı. Berkay'ın kahkahalarına önce Celayir gıcık oldu. "Gülmen bittiyse Diyarbakır'da ne yapacağımızı düşünmeye başla."

"Diyarbakır'a gitmek istemiyorum. Bu işten umudum kalmadı."

"Ama biz gitmeni istiyoruz."

"Çok da umurumdaydı."

"Hadi be oğlum..." dedi Turabi. "Buraya kadar gelmişken Diyarbakır'a da bir bak. Kürtleri anlatan romanlar Avrupa'da çok tutuyormuş. Ne çıkar son bir denesen? Ölür müsün?"

"Hatırımız için..." dedi Celayir.

"Tamam anasını satayım!" dedi Berkay. "Ama müsaadenizle önce biraz gülmek istiyorum. Çünkü sinirim bozuldu."

26

Diyarbakır'a varmadan, müstakbel okuru Mr. Smith için yaptığı listeye dört madde ekledi.

5- Mr. Smith gibilere üçkâğıt sökmezdi. Ona acısını gerçekten kalbimizde hissettiğimiz şeylerden bahsetmeliydik.

6- Berkay'ın Natalie Portman denen vefasıza ihtiyacı yoktu. Ayrodinamiği güçlü bir kitapla onsuz da Mr. Smith'e ulaşırdı. Yeter ki içinde Anadolu insanının acıları olsundu.

7- Mr. Smith de erkekti; Mrs. Smith'in tavsiye edeceği romanları okuması daha kolaydı. Bu yüzden Anadolu kadınının acılarına önem vermeliydi. Kadınlar kadınları okumaktan daha çok zevk alırdı.

8- Aslında kahramanın Kürt, Türk, Arap, Ermeni ya da Laz olması Smith ailesinin ipinde olmayabilirdi. Yine de roman onlara inanmış gibi yapmalıydı. Karşılığında onlar da romana inanmış gibi yapacaktı. *Win-win situation* işte buna denirdi.

Diyarbakır'ı kitaplarından birinde anlatsaydı kalp ağrısına benzetirdi. Gönülsüzce sızlayan bir gönül yarasına. Kim açmıştır o yarayı, neden kapanmak bilmez? Beyhude sorulardır bunlar. Berkay Uysal romanlarında yaraların kaynağına inilmez. Onlarla başa çıkılmaz. Laf olsun diye açılmışa benzeyen yaralardır ama sonuçta yaradırlar.

Böyle muhabbetler işte...

Berkay iki üç yılda bir Diyarbakır'a uğrayıp kitap imzalardı. Ama bir şehre karayoluyla gelmekle havayoluyla gelmek arasında daha önce aklına gelmemiş farklar vardı. Hele Anadolu'yu baştan başa kat ederek, kırık bir kol ve sargılı bir kafayla gelmişsen Diyarbakır gayretini takdir ediyordu. Şehre güneş batarken girdiklerinde Berkay öyle hissetti. Dünyayı fethedecek roman yazma umudu küllerinden doğmuştu.

Ama ertesi gün fikrini değiştirdi. Yerin dibine batsındı dünyayı fethedecek roman. Yarım akıllı ağabeylerinin lafını dinlemekle hata etmişti. Bu saçmalıktan bir an önce vazgeçmek en doğrusuydu.

Gariplikler otele yerleştiklerinde başlamıştı. Zeynep'i aradı ama telefonu kapalıydı. O zaman aklına kızını aramak geldi. Müge büyüyüp vahşi bir ergene dönüştüğünden beri telefonla konuşmaz olmuşlardı. Belki de bu Anadolu seferi yeniden başlamak için bir fırsattı.

"Annem evde yok" dedi, kuru bir sesle. "Bir saat önce çıktı. Nereye gitti bilmiyorum."

"Ben *seni* aramıştım kızım."

"Beni mi? Niye?"

"Ne demek niye? Ben senin babanım ve kaç gündür görüşmediğimiz için nasıl olduğunu merak ettim. Bu o kadar şaşılacak bir şey mi?"

"Tamam, anladık. Başlama lütfen."

Bu nasıl olabilmişti? Kız telefonu açalı daha yirmi saniye bile olmamıştı ama konuşma sarpa sarmıştı bile. Neydi bu şimdi, kuşak çatışması mı? Berkay şu hayatta kimseyle kuşak çatıştırmaya meraklı değildi. O zaman bu velet bu hakkı nereden buluyordu?

“Başka bir şey demeyeceksen kapatıyorum baba.”

“Dur! Şey, ne zaman taşınıyorsunuz?”

“Aslına bakarsan taşındık bile. Şu an yeni evdeyim.”

“Nasıl peki? Güzel mi?”

“Eh işte, idare eder. Bahçe, ağaçlar falan...”

Berkay konuşmanın başlamadan bitmesini önleyecek bir konu bulduğuna sevindi. “Yani her şey yolunda mı?”

“Senin bıçakları soruyorsan hepsini bir odaya koyduk, gelince düzenlersin. Ama annem biraz tuhaf.”

“Nasıl tuhaf?”

“Bu sabah duvarın dibinde ağlarken bulduk. Yolda da şu senin kafa doktoruyla karşılaştık. Galiba bizden geliyordu. Neydi adamın adı?”

“Dur bir dakika... Ne yapıyormuş o adam bizde? Annen ne zaman geleceğini söyledi mi? Nereye gittiğini söylemediğine emin misin? Sen şu anda yalnız mısın?”

“Ne bu böyle, polis sorgusu gibi?”

Berkay soğukkanlılığını korumaya çalıştı. Lokman’ın etrafta dolandığını duymak voltajını yükseltiyordu. “Tamam, özür dilerim. Telefonu kapalı, ulaşamıyorum. Geldiği zaman aramasını söyler misin?”

“Mesaj atsana, açtığı zaman görür nasılsa.”

Telefonu şaşkınlık içinde kapattı. *Açlık Oyunları* filmindeki tiplere her geçen gün biraz daha benzeyen kızının hâl hatır sormasını beklemiyordu. Yine de Zeynep hakkında söyledikleri tuhaftı. Berkay karısını bir duvarın dibinde ağlarken görse karşısındakini onun kayıp ikizi sanırdı. Böyle şeyler o kadar uzaktı tanıdığı Zeynep’e. Peki Lokman Bayer denen herifin olayla ne ilgisi vardı? Ne arıyordu evlerinin etrafında?

Adamın seanslarda Zeynep hakkında söylediklerini hatırladı. Onun üniversitenin en şahane kızı olduğunu. Yıllar geçtikçe güzelleştiğini. İsteseydi oyunculukta Natalie Portman'ı sollayabileceğini. İçinde kötü bir his vardı. Lokman'ı aradı ama adamın telefonu da kapalıydı.

Ha siktir, neler dönüyordu?

Biraz kafa dağıtmak için televizyonu açtı. Van'daki marangozhanede bulunan üç cesetle ilgili haberlere rastlayınca dehşete kapıldı. Her şey bitmişti. Kapının Cinayet Büro Amiri Atakan Yontuç ve silahlı adamları tarafından kırılması an meselesiydi.

Kapı falan kırılmadı.

Onun yerine sokaktan acayip bir patlama sesi geldi.

Berkay pencereden baktığında, patlayanın kendi arabası olduğunu gördü. Siyah Tuareg alevler içindeydi.

Koşarak aşağı indiğinde arabanın etrafında kalabalık toplanmıştı. Yıllardır tehlikeyle burun buruna yaşayan Diyarbakırlılar korkmuş değildi. Şaşkındılar sadece. İstanbul plakalı siyah bir cipi kimin patlatmış olabileceğini kendi aralarında tartışıyorlardı.

"Özel harekatçıların arabasıdır" dedi yaşlı bir adam. "Muhtemelen gerillanın işidir."

"Amma da yaptın amca" dedi bir çocuk. "Gerilla niye böyle *xêvik* bir şey yapsın? Garanti Hizbullah'tır."

"MİT yapmıştır" dedi genç bir kız. "Bence kendi muhbirlerini temizlediler."

Herhalde tecrübeyle sabit başka tezler de vardı ama çoğunluk Kürtçe konuştuğu için Berkay anlamıyordu. Turabi ve Celayir ortada yoktu. Arabasından geriye kalanların hurdaya dönüşmesini çaresiz gözlerle izledi.

Genç bir polis "Kimin bu araba?" diye sordu.

"Benim" dedi Berkay, tarifsiz hasarlar içinde.

Karakolda çay ikram ettiler. Şüphelendiği kimse olup olmadığını sordular. Artvinli komiserin kızı Berkay'ın romanlarına bayılmaktaydı. Keşke yanında imzalatmak için birkaç kitap olsaydı. Ünlü bir yazarın başına böyle bir şeyin gelmesi ne büyük talihsizlikti. Hem de barış sürecinde!

"Sorması ayıp, Diyarbakır'a niye gelmiştiniz?" dedi Artvinli komiser.

"Roman yazmak için" dedi Berkay.

"Geçmiş olsun hocam. Arada hâlâ rastlıyoruz böyle şeylere. Arabayı geri getiremeyiz ama yöreyi gezmek isterseniz araç ayarlayabiliriz. Hatta kızım size mihmandarlık eder. Buraları iyice öğrendi. Bu sene liseye başlayacak. Görseniz, öyle akıllı ki."

"Maşallah" dedi Berkay. "Allah bağışlasın."

"Siz bir düşünün. Yörede görülecek çok yer var. Güneydoğu'nun Paris'idir Diyarbakır."

Otele döndüğünde kendisini bitkin ve sıfırı tüketmiş hissediyordu. Başındaki yaraya sağlam eliyle zar zor pansuman yaptı. Televizyonu açıp bütün kanalları taradıysa da teselli edecek bir Natalie Portman bulamadı. Kadınlar böyleydi işte. En zor anda hiçbirine ulaşılamıyordu.

Telefonu çaldığında karısı olabileceğini düşünerek sevindi ama kayıtlı olmayan bir numaraydı. Açtığında Turabi'nin öksürüklü sesini duydu. "Arabayı patlatanı bulduk" diyordu. "Caddenin sonundaki otoparka gel. Dikkat çekmemeye çalış."

27

O tel koridorundaki asansörün kapısı açılıp karşısında Atakan Yontuç'u bulduğunda "hah!" dedi içinden. "Bir sen eksiktin!"

"Aceleniz var galiba?"

"Eh, yani."

"Sizi her seferinde daha kötü halde buluyorum. Başınıza gelenlere çok üzüldüm."

Bunu Berkay'ın başındaki sargıya bakarak söylemişti. Dalga geçer gibi bir hali yoktu. O asansörün içinde, Berkay ise dışında duruyorlardı. Atakan otomatik kapının zamazingosunu eliyle oyalıyordu.

"Eyvallah..." dedi Berkay. "Eksik olmayın."

"Birkaç dakika konuşabilir miyiz?"

Adetleri olduğu üzere, ölüm çubuğu tüttürebilecekleri en yakın yere gittiler. Bu sefer otelin asma katının terasıydı. Soğuk bir rüzgâr Atakan Yontuç'un turuncu atkısını havalandırıyordu. İmajına hiç uymayan bir atkıydı. Birisi adama fark ettirmeden boynuna asıp kaçmıştı sanki. Bir süre şekilden şekile girdikten sonra rüzgârda sigaralarını yakmayı başardılar.

"Sigara içenlerin soyu her geçen gün tükeniyor" dedi Atakan Yontuç dumanı üfleyerek.

"Haklısınız. Yakında bizi korumaya alırlarsa şaşmam."

"Kritik zamanlarda nüktedansınız. İşte bu da insanoğlunda gittikçe azalan bir özellik."

"Buraya bunları söylemek için gelmediniz herhalde."

"İyi bildiniz. Diyeceğim o ki, ağabeylerinizin kimler için çalıştığını bulduk. Eminim siz de öğrenmek istersiniz."

"Ne demezsiniz! Onları işe alacak kadar kafasız teşkilat hangisi acaba?"

"IŞİD."

"Ha?"

"Doğru duydunuz. Ağabeyleriniz IŞİD için çalışıyor. Daha doğrusu, onlara servis veren taşeron bir örgüt için."

"Ciddi olamazsınız!"

"Emin olun ölüm kadar ciddiyim. O iki moruğun arkalarında böyle bir güç olmadan cezaevinden kaçamayacağını tahmin etmeliydim!"

"Fakat etmiştiniz zaten!"

"Öyle mi?"

"Evet, geçen gün aynen böyle söylediniz."

"Hadi ya... Hafızam son zamanlarda bana oyun oynuyor. Neyse, siz Van'da onların âlem yaptığını sanırken katıldıkları gizli bir toplantıyı tespit ettik. Böylece bulmacanın bir kısmını çözdük. Fakat henüz her şey aydınlanmış sayılmaz. Bu yüzden biraz daha yardımınıza ihtiyaç var."

"Yine ne yapmam gerekiyor?" dedi Berkay ürkekçe.

"Hiç."

"Hiç mi?"

"Aynen öyle. Hiçbir şey yapmayacaksınız! Artık önemli olan amaçlarını öğrenmemiz. Mutlaka bir eylem hazırlığındalar. O eylem her neyse muhtemelen bu civarda gerçekleşecek. Bırakın sizi her şeyden habersiz sansınlar. Sayenizde Anadolu'da rahatça dolaştıklarını düşünsünler. Böylece onları daha kolay sobeleriz."

"Bir şey soracağım."

"Biliyorum ne soracağınızı. Sıradan bir Cinayet Büro Amiri neden boyunu bu kadar aşan bir işin peşinde, değil mi?"

"Hayır fakat..."

"Size şu kadarını söyleyeyim aziz dostum, işte bu da benim dünyayı fethedecek romanım! Buraya kadar getirdikten sonra büyük balığı MİT'çilere falan kaptırmak istemiyorum! Herhalde beni en iyi siz anlarsınız."

"Haklısınız" dedi Berkay: En iyisi Ediz'in komadan çıkıp çıkmadığını daha sonra sormaktı.

Hazreti Süleyman Caddesi'nin öbür ucundaki otopark arabanızı bırakmak isteyeceğiniz bir yer değildi. Daracık, yüksek eğimli bir yol döne döne magma tabakasına iniyordu. İnsanın değil içine girmek, ağzında durmaya bile korkacağı bir mağara. Telefonu Celayir açtı. "Girişte sağda bir asansör göreceksin. Eksi üçe bas."

Klostrofobi dalında üç yıl arka arkaya şampiyonluğu hak eden asansörle dünyanın merkezine yolculuk sanki saatler sürdü. Ağır kapıyı iterek açtığında, kendisini loş bir delikte buldu. Çirkin mobilyalar gelişigüzel yerleştirilmiş, raflara aküler dizilmişti. Köşedeki iskemlede sımsıkı bağlanmış kapkara bir adam oturuyordu.

İri kıyım, orta yaşlı bir Araptı. Üzerinde derisi kadar siyah bir kazak, yıpranmış bir kadife pantolon ve konuyla ilgisiz asker botları vardı. Eli, kolu ve ağzı bağlanmıştı. Gözleri teessüfle bakıyordu. Birden Celayir ve Turabi karanlığın içinden iki hayalet gibi çıktılar. Hâlâ Atakan Yontuç ile yaptığı konuşmanın etkisindeki Berkay irkildi.

"Hayırdır? Şeytan görmüş gibisin?" dedi Turabi.

"Burada ne arıyoruz? Bu adam da kim?"

"Elemanı senin arabayı patlattıktan sonra kaçarken yakaladık. Nevale almaktan dönüyorduk, kucağımıza düştü. Adı Otello."

"İyi halt yemişsiniz, bir adam kaçırmamız eksikti" dedi Berkay. "Deli misiniz siz, niye böyle bir şey yapsın!"

"Kendisi söylesin" diyerek Arabın ağzındaki bantı tek hamlede çekti çıkardı Celayir. "Hadi arkadaşım, anlat bize anlattıklarını!"

"İntikam uğruna yaptım" diye başladı Otello. Tok bir sesi, arazi tipi bir şivesi vardı. "Halepli bir askerdim. Malulen emekli olunca buralı bir kızla evlendim. Ömrüm Ortadoğu savaşlarında geçtiğinden daha önce kimseyi öyle sevmeye fırsatım olmamıştı. O benim büyük sevdamdı."

Celayir homurdandı. "Sadede gel be adam."

"Birkaç yıl sonra beni aldattığını öğrendim. Hem de arkadaşımla! Deliye döndüm. Bir gece kendimi kaybedip karımı öldürdüm. Rahmetli çok severdi senin romanları. Zaten onlar yüzünden kafayı romantizmle bozmuştu. Ben asker adamım. Anlamam öyle kadın ruhundan falan. Dilim romantik muhabbetlere dönmez. Senin kitapları okuya okuya benden soğudu kadın. Yuvamı yıktın Berkay Uysal. Yatacak yerin yok!"

"Hop! Ağır olsana biraz!" dedi Turabi.

Ama Otello onu duymuyordu. Kan çanağı gözlerini Berkay'ınkilere dikip sesini yükseltti. "Öyle fiyonklu lafları romanlara yazmak kolay! Sıkıyorsa gerçek hayatta söylesene onları! Kadınlar yazdıklarını okuyor sonra bizi beğenmiyorlar! Sanki sen kendi karına her gün öyle..."

Otello tiradını tamamlayamadı. Celayir'in tokadı yüzünde patlamıştı çünkü. Bağlı olduğu iskemleyle beraber yere devrildi. Celayir elindeki bıçağı sallayarak Berkay'a baktı. "Keselim mi şunun dilini?"

"Hayır" dedi Berkay yılgın bir sesle. "Adam haklı."

"Haklı mı?"

"Evet. Bırakın gitsin."

Bağları çözülünce tek kelime daha etmeden, Berkay'a pis pis bakarak sağdan çıktı Otello. Turabi bir sigara sardı. "Şimdi bu Arap intikam uğruna bizi gammazlamaz inşallah."

"Sanmıyorum. Ama yine de yarın ilk uçakla İstanbul'a döneceğim."

"Ne yani, cayıyor musun romandan?"

"Zaten sizin aklınıza uyup Diyarbakır'a gelmem hataydı. Zeynep haklı, bende batılıların hoşuna gidecek bir konu bulma yeteneği yok. Burada işim bitti."

Sabah ilk iş kara gözlüklerini taktı. Akşamki bela kokteylinin tadını hatırlamak istemiyordu. Ancak gece uçağına yer bulabildiği için mutsuz bir sessizliğe gömüldü. Diyarbakır'daki son gününü böyle geçirecekti işte: Lobide oturup gelene geçene surat asarak. Bu şekilde öğleden sonrayı etmişti ki, otelin girişinde Turabi göründü. Sırıtarak gelip elindeki gazeteyi Berkay'ın önündeki sehpaya pat diye bıraktı.

Bu hareket Berkay'ın gözünde bir B-52'nin bombasını bırakmasından farksızdı. Gazetenin ilk sayfasında aynen şöyle yazıyordu çünkü: NATALİE PORTMAN İYİ NİYET ELÇİSİ OLARAK TÜRKİYE'YE GELİYOR!

28

Berkay'ın Diyarbakır'da dünyanın merkezine indiği gece yerkabuğunun Nişantaşı kısmında bazı şeyler yaşandı.

Hüsrev Gerede Caddesi'ndeki dairenin kapısını Lokman Bayer ipek robdöşambrıyla açtı. Onu görünce kendi kılığından utandı Zeynep; üzerinde bir kadının ona göre ancak taşınırken ya da delirirken giyebileceği bir tayt ve kazak vardı. Bir de fosforlu spor ayakkabılar. Hafif makyaj yapmayı akıl etmişti ama yine de laboratuvar faresine benziyor olmalıydı.

"Lütfen gir içeri" dedi Lokman. "Harika görünüyorsun."

Aynı mahallede yaşıyorlardı ama Zeynep bu eve hiç gelmemişti. Hatta o kadar ısrara rağmen adamın muayenehanesine de (o da aynı mahalledeydi) gitmemişti. Uygunsuz bulduğu için değil, fırsat olmadığından. Berkay ve Müge ile tıka basa dolu hayatına Lokman Bayer sızamamıştı. Oysa şimdi gayet rahat hissediyordu kendisini. Sebebi de muhtemelen Berkay'ın Anadolu'nun derinliklerinde kaybolmasıydı.

Lokman'ın salonu mum ışıklarıyla ve iki abajurla aydınlanmıştı. Ekrandaki şöminenin alevleri titreşiyordu. Plazmanın kolonlarından Leonard Cohen'in şömine çıtırtısı kılıklı sesi yayılıyordu. Salon Zeynep'in bayıldığı türden krem rengi minimalist mobilyalarla döşenmişti. Duvarlar orijinalliklerinden hiçbir Nişantaşlının kuşku duymayacağı Komet tablolarıyla süslüydü. Pencereden Hotel Conrad ve ardındaki Boğaz görünüyordu. Ortadaki sehpanın üzerinde şarapla dolu iki billur kadeh bakışıyordu. Zeynep bu gördükleriyle yeni evini karşılaştırdı: Bir ahıra taşınmıştı.

"Güzelmiş evin."

"Senin sayende" dedi Lokman.

"Benim mi?"

"Bu ev yıllardır senin için hazırlanıyor Zeynep. Bir gün gelirsen rahat edesin diye. Her şey senin zevkin gözetilerek tasarlandı. Zamanla daha iyi anlayacaksın. Otur lütfen."

Lokman'ın gösterdiği kanepeye büyülenmiş gibi oturdu Zeynep. Lokman'ın verdiği şarap kadehini eline aldı. Kendisini Lokman'ın manyakları bile sakinleştiren sesine bıraktı.

"Taşınma işi nasıl gidiyor?"

"Eh işte. Zamanla eve benzeyecek inşallah."

"Senin dokunduğun her şey güzelleşir Zeynep."

"Saçmalama. Tabii ki öyle değil."

"Doğru söylüyorum. Berkay'ın yazdıkları bile senin elin değdikten sonra neredeyse romana benziyor."

Zeynep kahkaha attı. "Var ya, siz yazarlar kuaförlerden betersiniz. Birbiriniz hakkında iyi bir şey söyleseniz ölürsünüz!"

"Berkay önemli değil. Önemli olan sensin. Yıllarca düşündüm ve sırrını çözdüm. Dokunduğun her şeye *ayrodinamik* katıyorsun sen. Elinden geçtikten sonra nesneler uçuşa geçiyor."

"İyi de bunun nesini yıllarca düşündün? Söylemiştim zaten sana. Bu benim mutant özelliğim."

"Söylemiştin ama ben anlamamıştım. Hatta küçümsemiştim. Deli olduğunu düşünmüştüm. Kendini beğenmişin tekiydim çünkü.

Haklı olduğunu anladığımda çok geç olmuştu. O kenar mahalle delikanlısıyla evlenmiştin çoktan.”

“Berkay hakkında böyle düşündüğünü bilmiyordum.”

“Şey, ne de olsa hastalarımdan biriydi...” dedi Lokman. Çenesini tutamadığı için pişman olmuştu. Zeynep’in karşısında duygularını kontrol etmekte zorlanıyordu. Bu gidişle er geç facia yaşayacağını biliyor ama fren yapamıyordu. Şu hayatta denemediği cinsel fantezi, tatmadığı sefahat kalmamış Lokman Bayer’in hissettiği en seksi duyguydu bu.

“Hastalarımdan biriydi ne demek? Artık değil mi yani?”

Konunun Berkay’dan bir türlü uzaklaşmaması Lokman’ı gıcık ediyordu. Bunu göstermek için elini sinek kovalar gibi salladı. Sonra da gerçek bir kafa doktoru gibi gülümsedi: “Son yazdığım öyküyü sana okumamı ister misin?”

“Şimdi mi?”

“Evet. Neden olmasın?”

“Bilmem... İçinden geldiyse oku tabii”

Gidip tabletini getirdi Lokman. Abajurları söndürüp blogundaki yazıyı mum ışığında okumaya başladı. Zeynep duyduklarından bir şey anlamadı. İçinde “ünlemek”, “bungun” ve “soğurmak” gibi sözcükler geçen karışık bir şeydi. Belli bir konu yoktu. Lanetlerden ve İsa’nın çarmıhından bahseden bir adamın uzadıkça uzayan tiradı vardı. Müge’nin odasında gizlice ot çekip tribe girdiği zaman sayıkladıklarına benziyordu. “Bıçağı kanırtın ve alın bu uru içimden. Bırakın öfkenizi yadsıyan bir tılsım doğurayım!”

Zeynep böyle şeylere neden öykü dendiğini bilmiyordu. Ona göre göle maya çalan Nasrettin Hoca öyküydü. Hazreti Yusuf’un kuyuya atılması öyküydü. Seda Sayan’ın boşanması öyküydü. Dinlediğinin ne olduğundan ise emin değildi. Hayatı Berkay’ın romanlarını dinleyerek geçmişti ama onlarda hiç olmazsa bazı olaylar vardı. Gözünü kapattığında film gibi canlanırlardı. Öf, ne diyecekti şimdi?

Lokman okumayı bitirdi. Zeynep'in korkuyla beklediği soruyu sordu: "Evet, nasıl buldun?"

"Şey, ben edebiyattan pek anlamam."

"Beğenmedin mi?"

"Hayır, öyle diyemem. Sadece benim için fazla edebi."

"O zaman edebi açıdan eleştirme. *Ayrodinamik* açıdan eleştir. Bana bu öykünün uçup uçamayacağını söyle."

Zeynep öykünün uçmak *istediğini* bile sanmıyordu. Ama nasıl söyleyeceğini bilemedi. Lokman baktı sessizlik uzuyor, tekrar döndü soğukkanlı kafa doktoru kimliğine. "Neyse... Hadi gel sana evi gezdireyim."

Lokman Bayer boşuna *Ünlülerin Kafa Doktoru* değildi. İyi kazandığını evine bakınca anlıyordunuz. Helezonik merdivenle bağlanan bir çatı dubleksiydi. Alt katta salon dışında modern bir mutfak, hol ve çalışma odası vardı. Berkay'ın odasıyla karşılaştırınca kral dairesiydi: XIII. Louis tarzı masa. Viktorya tarzı kitaplık. Meşin ciltli kitaplar. Bilmem kaç gigabayt hafızalı bilgisayar. Antika daktilo. Duvarda Freud'un ve başka bazı sakallı adamların portreleri. Osmanlıca haritalar. Latince yazılar. Dekor gibiydi her şey; sanki birazdan belgeselciler üşüşüp Lokman Bayer'in hayatını çekecekti.

Asıl şaşkınlığı üst kata çıkınca yaşadı. Terasa açılan odada tıka basa plakla dolu raflar, pikap ve kolonlar gördü. Boğaz manzaralı terasın buz tutmuş zemininde iki güvercin gagalayacak bir şey arıyordu. Lokman'ın üniversitedeki havasının bir kısmının plak koleksiyonundan geldiğini hatırlamıştı Zeynep. "Plakları hâlâ saklıyorsun ha?"

"Elbette... Ne de olsa biz son analog kuşağız. CD'nin icadı evrensel bir komploydu. Müziği dijital kodlara sıkıştırarak bütün hacmini ve büyüsünü yok ettiler. Ama insanlık nihayet uyandı. Plaklar geri dönüyor!"

Konuşurken plaklardan birini kabından çıkarmış ve pikaba koymuştu. İğneyi yerine oturtunca yıllardır dirilmeyi bekleyen Whitney Houston *'I Will Always Love You'* demeye başladı.

"Hayır..." dedi Zeynep şarkıyı duyunca.

Lokman burnunu Zeynep'inkine yaklaştırdı "Şarkımızı bir gün burada beraber dinleyeceğimizi hayal ettim hep."

"Bunu yapamayız."

"Bu evde görmediğin tek oda kaldı" dedi Lokman burnunu biraz daha yaklaştırarak.

"Olmaz. Kesinlikle yanlış."

"Berkay düzelmeyecek"

"Nereden biliyorsun?"

"Çünkü izin vermeyeceğim."

"Bunu nasıl söylersin? Sen onun doktorusun!"

"Seni kimin sevdiğini anla diye söylüyorum. Ben mesleğimi senin uğruna ateşe attım. O kaçık ise kariyerini Natalie Portman uğruna ateşe attı. Sence seninle uçmayı hak eden hangimiz?"

"Bi... Bilmiyorum" dedi Zeynep.

"Biliyorsun! Ve bunu şimdi itiraf edeceksin!"

Adamın burnunu ani bir içgüdü ve elinin tersiyle itip merdivene koştu Zeynep. Basamakları üçer beşer inerken Lokman arkasından seslendi. "Er geç hatanı anlayacak ve buraya döneceksin! Yoksa sonun zavallı Abidin gibi olur!"

Zeynep apartmandan fırlarken tüm sokak Lokman Bayer'in çılgın kahkahaları ile çınlıyordu.

29

NATALIE PORTMAN İYİ NİYET ELÇİSİ OLARAK TÜRKİYE'YE GELİYOR!

Daha önce Angelina Jolie'nin üstlendiği Birleşmiş Milletler İyi Niyet Elçiliği görevine bu kez bir başka Hollywood yıldızı, Natalie Portman soyundu. Portman'ın ülkemizdeki Suriyeli mültecilerin kaldığı kamplara yapacağı ziyaret güvenlik nedeniyle son güne kadar gizli tutuldu.

Dünyanın dikkatini Suriyeli mültecilerin yaşadığı trajediye çekmek için yarın Hatay'a gelecek Oscar'lı yıldızın Altınözü ve Reyhanlı civarındaki çadır kentleri ziyaret etmesi bekleniyor. Portman bu görevi üstlenen ilk İsrail doğumlu Yahudi sanatçı. Bu nedenle olay dünya barışı adına büyük önem taşıyor.

Ünlü yıldızın geleceğini öğrenen kampları heyecan sardı. Çadırların ve çocukların temizliği için anonslar yapılıyor. Televizyon izleyebilmeleri için çadırlara uydu anteni dağıtılıyor. Hatay'da en üst düzeyde güvenlik önlemleri alınıyor.

Konuyla ilgili bir açıklama yapan başarılı sanatçı "Cesaret yalnızca filmlerde kalmamalı. Biz Ortadoğu çocukları, barış için elimizi taşın altına koymalıyız" dedi. Natalie Portman'ın yarın 14.00 sularında Hatay'da olması bekleniyor.

Ağabeyleri Berkay'ın normale döneceğinden artık umudu kesmek üzereydi. Yarım saattir katatonik bir şekilde gazeteye bakıyor ve garip sesler çıkarıyordu. Haberi yüz kere falan okumuştu herhalde. Sonunda fırsat ayağına gelmişti, neden fırlayıp göbek atmıyordu? Yoksa korkmakta haklı mıydılar, sahiden içinde cin mi vardı?

"O kitabı yazmalıydım..." dedi nihayet.

Sadece kendisinin görebildiği ilahi bir varlıkla konuşuyordu sanki. "O kitabı yazmalı ve sana sunmalıydım. Geleceğini bana söylemek için her şeyi yaptın ama başaramadım. Ne olur affet."

"Dur lan hemen pes etme!" dedi Celayir.

"Daha gelmesine 23 saat, Hatay'a da alt tarafı 500 kilometre var!" dedi Turabi.

Berkay transtan çıkıp ters ters baktı ikisine. "Ne saçmalıyorsunuz oğlum siz? Onun beklediği sadece bir kitaptı ve ben yazamadım. Neden? Dünyayı fethedeceğime aslında inanmadım da ondan!"

"Kaç sayfa olması lazım bu kitabın?"

Soruyu soran Turabi'ydi. Dalga geçer gibi bir hali yoktu. Sahiden merak etmişe benziyordu.

"Sana ne?" dedi Berkay.

"Yola çıktığımızdan beri bir şeyler karaladım da... Öyle fazla bir şey sayılmaz. Vereyim ister misin, belki faydası olur."

Bu kadarı yeterdi. Berkay kalkıp asansöre doğru yürümeye çalıştı. İnsanlık için küçük, kendisi içinse büyük adımlar gerekiyordu. Başı dönüyordu çünkü. Kafasının içinde filler tepişiyor, çimenler eziliyordu.

Celayir seslendi arkasından. "Alo, iyi misin?"

"Bilmiyorum. Bu haber her şeyi altüst etti. Biraz yalnız kalıp düşünmem gerek. Ben dönene kadar kimseyi öldürmeyin."

"Eyvallah..." dedi Celayir.

Berkay odaya ulaşmayı başardı ama sabah otelden çıkış yaptıkları için dijital anahtar kapıyı açmadı. Resepsiyona inip yenisini alacak mecali yoktu. Koridorda yere çöküp düşünmeye başladı. Ne yapmalıydı? Yıllardır aldığı gizemli mesajların er geç bir yere bağlanacağını tahmin etmişti etmesine ama yine de hazırlıksız yakalanmıştı. Ona sunacak bir kitap yoksa Natalie Portman'ın gelmesi neye yarayacaktı? Keşke Zeynep yanında olsaydı. En doğru kararı verirdi hemen.

Bu sefer birkaç çalıştan sonra açtı Zeynep telefonu. Berkay kadının sesindeki bitkinliği fark edemeyecek kadar heyecanlıydı. Direkt konuya girdi. "Gazeteyi gördün mü?"

"Evet, ben de seni aramayı düşündüm."

Bu karşılığında "O zaman niye aramadın?" sorusu gelsin diye söylenmiş bir sözdü kuşkusuz. Berkay sorsaydı karısının dün gece neler yaşadığını öğrenme şansını yakalayacaktı. Bir öfke patlamasına kurban gideceği için de ne derdi kalacaktı ne tasası. Ama Berkay bu fırsatı tepip akıl danışmayı seçti.

"Ne yaparsan yap" dedi Zeynep. "Bu iş beni ilgilendirmiyor."

"Tabii ki ilgilendiriyor. Sen bu konuyla en çok ilgili olması gereken kişisin."

"Nedenmiş o?"

"Bilmiyorum. Ama sana ihtiyacım var. Aklım karmakarışık."

"Ne zaman değildi ki?"

"Haklısın. Lokman Bayer'in hep dediği gibi illüzyonları gerçeklere yeğliyorum. Uydurduğum hikâyelere kendim de inanmaya başladım. Tesadüflere gereksiz anlamlar yüklüyorum."

Lokman Bayer'den bahsederken Berkay'ın sesinde en küçük bir ima yoktu. Onun bu saflığı Zeynep'in duygulandırdı. "Siktir et şimdi kimin ne dediğini. Saçma ya da değil, sonuçta bir amaç uğruna oraya gittin. Natalie Portman'ı görmek imkânın varsa gör. Belki de bu sayede bir şeyin cevabını bulursun."

"Nasıl yapacağım, yanına yaklaştırmazlar ki."

"Ne demek yaklaştımazlar Berkay? Sen bugüne bugün Türkiye'de tanınmış birisin. Yazdığın dergiyi arayıp yarın Natalie Portman'ın ziyaretini izlemek üzere Hatay'da olacağını söyleyeceksin. Seni yayın grubu adına programa akredite ettirecekler. Hatta istersen ben senin yerine yapayım."

Tabii ya! Nasıl daha önce düşünememişti! Berkay'ın kalbi yıllardır kendisini hava boşluklarından koruyan karısına karşı minnetle doldu.

"Sen nasılsın Zeynep, her şey yolunda mı?"

"Boş ver şimdi. Hele bir dön de hesaplaşırız. Bu arada belki merak edersin, Ediz hayati tehlikeyi atlatmış."

Telefonu kapattıktan sonra kendisine şaşkın gözlerle bakan kat hizmetçisi kadınla göz göze geldi.

"Beyefendi, iyi misiniz?"

"Ah evet, anahtarımı kaybetmişim de."

Kat hizmetçisi yedek anahtarla kapıyı açınca odadaki yatağa oturup başını ellerinin arasına aldı. Dergi adına programa dahil olmak süper fikirdi ama bütün sorunları çözmüyordu. Natalie Portman'a ne diyecekti? "Sizin teşvikinizle ve iki hanzo ağabeyimle bir roman yazmak için buraya kadar geldim. Romanı beceremedik ama bu arada üç kişiyi vurup bir de adam kaçırdık" dese herhalde kadın polis çağırırdı.

Kapının altında bir hışırtı duydu. Dönüp baktığında yerde orta boy bir not defteri gördü. Kapıyı açtığında Turabi koridorun köşesini dönüyordu. Seslendiyse de cevap vermedi. Not defterinin kapağında bir not vardı: *"İşte sana bahsettiğim karalamalar birader. İster oku ister okuma. Ben yine de vermiş olayım."*

Daha iyi bir planı olmadığından defterde yazanları okumaya başladı. Okudukça da hayatının şaşkınlığına kapıldı. Benim diyen edebiyatçının yazamayacağı kadar iyi bir şeyle karşı karşıyaydı.

Tamam, imlâ yerlerde sürünüyordu. Dilbilgisi hak getireydi. De, da ve mi ekleri ısrarla bitişik yazılmıştı. Ama dehşet verici bir içtenlikle üç kardeşin yıllar sonraki buluşmasından ve yaptıkları Anadolu yolculuğundan bahsediliyordu. Aile olmanın öneminden. Dünyanın gaddarlığından. Zavallı bir asaletten. Jiletteki teselliden. Neşeli bir umutsuzluktan.

Hayatın bozuk para gibi harcadığı bir adamın kaleminden çıkmış, hem arabesk hem de komik satırlardı. Blues şarkıları gibi.

Orta siklet bir öykü uzunluğundaki metni okumayı bitirdiğinde Berkay'ın kalbi kıskançlık ateşleriyle yanıyordu. Ailedeki asıl edebiyat yeteneğinin kimde olduğunu anlamıştı. Belki asla fark edilmemiş, karanlık sokakların ve cezaevlerinin yuttuğu bir yetenekti ama bıçak gibi parlıyordu.

Turabi denen kopuk kendisinin seçtiği yolu seçseydi dünyayı fethedecek bir roman için Natalie Portman'a ihtiyaç duymayacaktı asla.

30

Geceyarısı Diyarbakır'dan Hatay'a yol alan araba belki dörtçeker değildi ama gayet iyi gidiyordu. Direksiyondaki Turabi'ye göre "Çiçek dalda, çocuk kolda, Ford yolda sevilir" sözü boşuna söylenmemişti. Arabayı kiralayan Berkay içinse ucuz olması önemliydi çünkü gezinin masrafları artık kesesini zorluyordu. Her şehrin en iyi otelinde bir yerine üç oda kiralaması ve kendisi dahil üç kişiyi doyurması gerekmişti. Havaya uçan cipi saymıyordu bile.

"Hatay'a benimle gelmenize gerek yoktu."

"Olur mu kardeşim, anca beraber kanca beraber."

"Bir halt yazamadığımı herhalde fark etmişsinizdir. Şu durumda başta vaadettiğim parayı vermeme imkân yok. Yani dilediğiniz zaman işi bırakabilirsiniz."

"Yoksa bizi istemiyor musun?" Celayir arka koltuğa yayılmış sırıtarak tüttürüyordu yine.

"Onu demek istemedim..." İşin tuhafı, Berkay bunu söylerken samimiydi. Ağabeylerinin dırdırına alışmıştı. Yolculuğun bu son ve en kritik aşamasında yalnız kalmak istemiyordu. Sadece hâlâ neden yanında olduklarını merak ediyordu. Atakan Yontuç'un bahsettiği gizli amaç yüzünden mi? Yoksa Turabi'nin defterine yazdığı gibi aile olmayı mı özlemişlerdi?

"Seni yarı yolda bırakmak bize yakışmaz" dedi Turabi, yeniden başlayan kar yüzünden silecekleri çalıştırarak. "Bu arada, sana verdiğim defteri okuyabildin mi?"

"Bir göz attım, evet."

"Ne diyorsun peki? İşine yarar mı?"

Berkay'ın içinden Turabi'ye gördüğü en sahici yeteneklerden biri olduğunu, biraz çalışsa yazarlıkta herkese beş çekeceğini haykırmak gelse de mesleki bir alışkanlıkla kendisine hâkim oldu. "Yani..."

"Ne demek yani?"

"Yani fena değil aslında. Tabii bir amatör için. Belki üzerinde çalışırsam bir şeye benzeyebilir. Bilemiyorum."

"Ha, iyi o zaman."

Güneş doğarken Hatay'a vardılar. Berkay şehrin güzelliğine dair çok şey duymuştu. Askerde dünyada daha güzel bir yer olmadığına yemin eden buralı bir çavuş vardı. Çocuğa göre doğunun Paris'iydi Hatay. Etrafta Eyfel Kulesi falan olmasa da gördükleri iddiayı çürütmüyordu. Geçmiş yüzyılları hatırlatan Saray Caddesi'ndeki sabahçı kahvesine girip ısınmaya çalıştılar. Kahvenin duvarlarında şehirdeki camilerin, kiliselerin ve sinagogların resimleri vardı. Karşı masadaki ihtiyar Arapça bir İncil okuyordu. Sabahın körü olmasına rağmen çayları gülümseyerek getiren kadına Altınözü'ndeki çadırkente nasıl gideceklerini sordular.

"Yoksa Natalie Portman'ı görmeye mi geldiniz?" dedi kadın kıkırdayarak. Pozitif enerjisi sabah sabah insanı tokatlıyordu.

"Evet, kısmetse" dedi Turabi.

"Gazeteci falan mısınız? Hangi gazeteden?"

Berkay yazdığı derginin adını verince kadın dikkat kesildi. "Sizi birine benzetiyorum ama..."

"Kendisi bir yazardır" dedi Celayir. "Ünlü romancı Berkay Uysal."

"Ah tabii ya, Aşk Romanlarının Unutulmaz Yazarı! Eltim sizin romanlarınızın hepsini okur. Dün de Ahmet Hakan ve Ece Temelkuran buradaydı. Keşke sizin gibiler Natalie olmadan da ara sıra bizi ziyaret etse. Neyse, durun size çadırkente giden yolu çizip getireyim."

"Hah, lafımızı da yedik" dedi Turabi, kadın çay ocağına döndükten sonra.

Celayir kahkaha attı. "Lan ibiş, sana söylemiyor. Defterine laf etmedik diye hemen yazar havasına girdin ha!"

Altınözü'ndeki çadırkente vaktinden erken ulaştılar. Çadırkentin girişinde mülteciler dışında Birleşmiş Milletler görevlileri, polisler, askerler ve gazetecilerden oluşan dev bir kitle vardı. Herkes gerilim içinde Natalie Portman'ı bekliyordu. Ne kadar çılgınca bir işe kalkışmış olduklarını Berkay ancak manzarayı görünce anlayabildi. Polis tarafından aranan iki katille bu kalabalığa dalmak intihardan farksızdı.

"Kenara çek" dedi Turabi'ye. "Bu hiç mantıklı değil."

"Ne mantıklı değil?"

"Baksana etraf üniformalı kaynıyor. Garanti dünyanın bütün gizli servisleri de buradadır. Elimizi kolumuzu sallayarak girmemize izin verirler mi sanıyorsun?"

"Kendine gel birader" dedi Celayir. "Natalie uğruna 1500 kilometre yol geldik. O da kalkıp buraya kadar geldi. Şimdi vazgeçmenin sırası mı?"

"Bir saniye..." dedi Berkay. Aklında bıçak gibi kesen, rahatsız edici bir şüphe ışığı yanmıştı. "Gazeteyi görene kadar ben size ondan hiç bahsetmemiştim ki. Natalie Portman meselesini nereden biliyordunuz?"

Celayir ve Turabi birbirlerine baktılar. Sonra Celayir belindeki silahı çıkarıp Berkay'ın ensesine dayadı. "Hadi güzel kardeşim. Zorluk çıkarma şimdi."

"Ha siktir!" dedi Berkay dehşet içinde. "Sizin derdiniz onu öldürmek!"

"Eh, bizim de dünyayı fethetme planımız bu."

"Demek ki doğruymuş. Teröristler için çalışıyorsunuz. Buraya ulaşmak için beni kullandınız. Allah belanızı versin!"

"Bizi anlamaya çalış" dedi Turabi. "Yahudi artistle hiçbir şahsi meselemiz yok. Ya geberene kadar hapis yatacaktık ya da ihaleyi kabul edecektik. Adamlar kaçmamızı sağladı. Biz de karşılığında söz verdik. İyi para verecekler. Şimdi vazgeçersek yaşatmazlar."

"Lan manyaklar, buradan canlı çıkabileceğinizi mi sanıyorsunuz?"

"Sen orasını bize bırak" dedi Celayir, silahla Berkay'ı dürterek. "Hadi sıkıntı yaratma da arabayı sürsün ağabeyin."

Mülteciler kampının girişindeki çekik gözlü polis Berkay'ın verdiği kimlikleri alıp nizamiye kulübesine girdi. Adam geri dönene kadar konuşmadan, birbirlerine bakmadan beklediler. Yirmi metre ilerideki iki direğin arasına '*Welcome Natalie*' yazan bir pankart asılmıştı. Çadırların arasında her yaştan çocuk, acıdan sersemlemiş ana-babalar ve şok içinde ihtiyarlar geziniyordu. Hepsi de soğuğa rağmen incecik, fukara giysiler giymişti. Kızılay çadırları karların ortasında bez parçasından farksızdı. Tam o sırada Nişantaşı'ndaki House Cafe'de kapuçino geç geldi diye garson azarlayan insanlar olduğunu hatırladı Berkay.

Çekik gözlü polis nihayet çıktı kulübeden, gelip kimlikleri verdi. "Akreditasyon tamam görünüyor. Buyrun, geçebilirsiniz."

Turabi arabayı kampın en ucundaki çalılığa sürdü. Burada birkaç köy evi ve derme çatma kulübe vardı. O karambolde polislerin dikkat etmeyeceği bir köşe. Berkay'ı bir ağaca bağladılar, ağzına da torpido gözünde buldukları bandı yapıştırdılar. Silahlarını alıp uzaklaşmadan önce son kez dönüp baktılar.

"Plana göre şimdi seni öldürmemiz lazım" dedi Celayir. "Ama yapmayacağız. Hakkını helal et."

Berkay yalnız kalınca epeydir düşünmediği şeyleri düşündü. Karısı ve kızıyla mutlu olduğunu. En az kamptaki insanların acıları kadar gerçek bir mutluluktu. Savaştan kaçanların rüyalarında bile göremeyecekleri bir hayattan kaçmış ve kendisini ağaca bağlı halde bulmuştu. Anadolu'da Allah'ın sopasının menzili dışında değildi hiçbir yer.

Gözleri yorgunluktan kapanmak üzereyken bir gölgenin yaklaştığını fark etti. Gölge şekil kazandı ve Cinayet Büro Amiri Atakan Yontuç'a dönüştü. Bu sefer yanında üniformalı adamları da vardı.

"Bravo Berkay Bey" dedi Atakan. "Dediğim gibi, sizi her defasında daha da kötü bir halde buluyorum. Ömürsünüz vallahi!"

31

İplerden kurtulan Berkay'ın ilk işi sağlam eliyle Atakan Yontuç'un çenesine bir tane patlatmak oldu.

Bunu beklemeyen Atakan kıç üstü yere oturdu. Aynı anda üniformalı polisler silahlarını çekip Berkay'a doğrulttular. Atakan eliyle onlara *'sakin olun gençler'* işareti yaptı. Çenesini ovuşturup üzerindeki karları silkeleyerek ayağa kalktı ve güldü. "Gergin olacağınızı tahmin etmiştim."

"Ne gergini lan, az kalsın öldüreceklerdi beni!"

"Kusura bakmayın ama bu riski almak zorundaydık. Sonuca bir adım kala planı tehlikeye atamazdık."

"Gözünüz aydın! Her şey belli oldu işte!"

"Tam olarak değil..." dedi Atakan ve Berkay'ın koluna girip yürümeye başladı. Üniformalı adamlardan yirmi metre kadar uzaklaştıklarında tekrar başladı konuşmaya. "Asıl suikastçi ağabeyleriniz değil."

"Ne?"

"Doğru duydunuz. Onlar sadece yem."

"Ne yemi?"

"İhtiyarları hapisten kaçırdılar çünkü bizi oyalayacak iki kurbana ihtiyaçları vardı. Kaybedecek bir şeyi olmayan iki suçluya.

Nitekim başarılı da oldular. Sizi takip ederken gerçek suikastçiyi uzun süre gözden kaçırdık. Neyse ki son anda varlığından haberdar olduk ama kim olduğunu keşfetmeye zaman bulamadık. Bu yüzden işimiz bitti sayılmaz."

"Peki ne olacak şimdi?"

"Sakin olup bekleyeceğiz. Gözümüzü dört açacağız. Gerçek suikastçı muhtemelen planı anladığımızı bilmiyor. Hâlâ ağabeylerinizin peşindeyiz sanıyor. Bu bizim tek avantajımız."

Berkay içini çekti. "O halde Turabi ve Celayir de yem olduklarını bilmiyorlar."

"Bilmemeleri gerekiyor."

"Peki ne olacak onlara?"

Atakan elini Berkay'ın omuzuna koydu. "Onlar yollarını çok önce seçmiş dostum. Her seçim kendi sonucunu er ya da geç doğurur."

"Diyorsunuz..." dedi Berkay, bir hafta önce hayal bile edemeyeceği bir kederle.

Atakan saatine baktı. "Natalie Portman'ın gelmesine daha var. Nefis bir öğle namazına ne dersiniz?"

Öğle namazı mı? Berkay en son ne zaman namaz kıldığını hatırlamıyordu bile. Yine de yaklaşan mahşeri düşününce daveti yerinde buldu. Mescit olarak kullanılan çadıra gittiler. Berkay tek koluyla namaz kılıp duaları hatırlamaya çabalarken çocukken babasından duyduğu Ahmed Amiş Efendi sözünü hatırladı. "Olan olmuştur, olacak olan da olmuştur."

Sözü ve sahibini bin yıl sonra hatırlayıvermesinin namazla ilgisi var mıydı? Bir mülteci kampının mescidinde olmasıyla? İçindeki heyelanla? Berkay bilemiyordu.

Saati 14.12'yi gösterirken Natalie Portman'ı taşıyan resmi plakalı araç nihayet göründü. Yirmi dakikadır lapa lapa yağan kar her şeye masal havası vermişti. Kalabalıkta bir dalgalanma oldu. Sonra herkes bir yere sabitlenip nefesini tutarak beklemeye başladı. Mülteci çocukların parmakları ağızlarında, kameramanların parmakları kayıt düğmesinde, polislerin parmakları tetikte. Yetmiş iki milletten oluşan kalabalığın içindeki bazı tanınmış simalar Berkay'ın gözüne çarptı: Gazeteci, siyasetçi, sunucuydular.

Minibüs kampa girip çadırların önündeki boşlukta durdu. Berkay da Atakan sayesinde aracın etrafındaki ilk halkada yer bulmayı başarmıştı.

Kapı açıldı ve Natalie Portman indi.

Dizine kadar bej bir anorak giymiş, boynuna aynı renkte el örgüsü atkı takmıştı. Mavi kotu ve kahverengi balıkçı çizmeleri vardı. Kumral saçları kapüşonundan dökülüyor, gözleri merakla bakıyordu. Filmlerinde canlandırdığı kadınların hiçbirine benzemiyordu. Okulu kırmış gibiydi. İki yanında biri siyahi diğeri sarışın iki çam yarması duruyordu.

Bir saniye için Berkay'la göz göze geldi. Vay canına. İşte sonunda Natalie Portman da onu görmüştü.

Türk Dil Kurumu'nun güncel Türkçe sözlüğünde tam 111.027 kelime vardı. Hepsi de o saniyeyi tarif işinde amatördü.

Acaba tanımış mıydı? Berkay anlayamadan kadın bir insan ve kamera yumağının içinde kayboldu. Sonra yumak çadırlara doğru sürüklenmeye başladı. Atakan da oraya yönelmişti. Bir gölgenin peşinden geldiğini fark edince döndü.

"Hayrola Berkay Bey?"

"Ne demek hayrola. Beraber değil miyiz?"

"Gelmenize izin veremem. Kusura bakmayın."

"Ben de bildiklerimi gördüğüm ilk meslektaşınıza anlatırım. Düğümü başka polisler çözer. Sizin takımın şampiyonluk hayali de biter."

"Beni tehdit mi ediyorsunuz? Ama neden?"

"Galiba tartışmaya zamanımız yok başkomiser."

Berkay haklıydı: Koşar adım gidip yıldızın yörüngesindeki halkaya katıldılar. Çok geçmeden doğal bir seleksiyon oldu. Bir noktadan ileriye sadece telsizli polislerle torpilli haberciler geçebildi. Berkay şanslıydı: Atakan sayesinde telsizli muamelesi gördü.

Natalie en yakın çadıra girdi. İçindeki aileyle sohbete başladı. Korumalarla çevirmen de girince çadırda başka kimseye yer kalmadı. Berkay'ın durduğu yerden sadece kadının kumral saçları ve çocukların başını okşayan elleri görünüyordu.

Bakındı ama ağabeylerinden bir ize rastlamadı. Teröriste benzeyen kimse de yoktu. Belki de hiçbir şey olmayacaktı. İki ihtiyar son anda cayacaktı. Natalie'yi öldürmeye başka hevesli de çıkmayacaktı.

Natalie Portman on çadır daha gezdi. Hepsinde de mültecilere hediyeler verdi. Onlardan hediyeler aldı. Bazen Arapça konuştu. Atakan Yontuç elindeki telsizden sağa sola emirler yağdırdı. Vukuat çıkmadı diye hayal kırıklığına uğramıştı sanki. Berkay balinayı elinden kaçıran Kaptan Ahab'ı hatırladı. Aslında kendi hali de farksızdı: Şu ortamda Natalie'ye değil her şeyi anlatmak, merhaba demesi bile imkânsızdı.

Ziyaretin sonunda Natalie çocuklarla yemek yiyecekti. Ramazan çadırı büyüklüğündeki çadırda sofra kurulmuştu. Ziyaretin şerefine beş katlı bir pasta hazırlanmıştı. En tepesinde jest olsun diye Padme Amidala heykelciği vardı. Yıldız burada gazetecilerin sorularını cevaplamaya başladı. Çocuklar da yemek için çadırın hemen yanında toplanıyordu.

Tam o sırada çocuk kalabalığının arkasında ağabeylerini gördü Berkay. Ellerinde silahlarla yaklaşıyorlardı.

Gözleriyle Atakan Yontuç'u aradı ama bulamadı. Kanı donmuştu, ne yapmalıydı? Susması Natalie'nin, haykırması öz ağabeylerinin sonu demekti. Kameramanları itekleyip kendine yol açtı. Çadıra yöneldi. Ne var ki ağabeyleri de aynı şeyi yapmıştı. Onlar silahlarını Natalie Portman'a doğrultur doğrultmaz iki el silah sesi duyuldu. Önce Celayir, sonra da Turabi yere serildi. Atakan'ın nişancıları boş durmamıştı. Daha millet ne olduğunu anlayamadan onu gördü Berkay: Asıl suikastçiyi... İri kıyım bir gençti, pastacı gibi giyinmişti. Pastanın içine gizlediği silahı çıkarıyordu. Az önceki olayın şokunu yaşayan kalabalıksa adamın farkında bile değildi.

Berkay can havliyle koşup sağlam eliyle sofradaki ekmek bıçaklarından birini kaptı ve suikastcıya fırlattı. Aralarındaki mesafe evinin garajına astığı hedeflerle arasındaki kadardı. Haliyle, iki eliyle de ıskalamasına imkân yoktu. Ekmek bıçağı havada *ayrodinamik* yasalarını başarıyla izleyerek süzülüp silah tutan kola saplandı. Dengesi bozulan katil, Natalie yerine çadırın tavanına ateş etti ve floresanlardan birini patlattı.

İki koruma atılıp adamı yere yıktılar. İki kişi de Berkay'ı yere yıktı. Natalie Portman çığlık attı ve her şey birbirine girdi.

32

Berkay can sıkıntısından odayı tekrar inceledi: Sadece bir masa, birkaç iskemle ve demir dolaplar olan iç karartıcı bir yer. Panjurlardan sızan bölük pörçük gün ışığı. Yerde yıpranmış bir Anadolu halısı. Gri duvarda bir Türk Kızılayı afişiyle üzerinde Mevlânâ'nın nasihati yazan takvim.

"Aklın başına geldiğinde pişman olacağın bir iş sakın yapma."

Yarım saattir odanın ortasındaki masada, sırtı pencereye yüzü kapıya dönük oturuyordu. Fırlattığı bıçak suikastçiye saplandığı an mülteci kampında bulunan Birleşmiş Milletler görevlisi, doktor, gazeteci ve mülteci kılığındaki bir sürü CIA ajanı harekete geçmişti. Bazıları Berkay'ı paketleyip minibüse tıkmıştı. Sonra buraya getirmişlerdi: Kapısında iki silahlı Amerikalının beklediği yere. Penceresinden sadece karla kaplı bir tarla görünen kutuya.

Vücudunun sabahtan beri salgıladığı adrenalin azalmıştı. Yerini bir üşüme hissine bırakmıştı. En son yıllar önce Cabbar'ı bıçakladığı gün böyle titremişti. Tam 32 yıl olmuştu, hey gidi.

Acaba ona ne yapacaklardı? Suikastı önlemiş olabilirdi ama bu suikastçilerin üçte ikisiyle akraba olduğu gerçeğini değiştirmiyordu. Buralara onlarla beraber gelmişti. Atakan Yontuç gerçeği biliyordu ama bu adamlar onu dinler miydi? Berkay'ın ulusal çaptaki yazarlık şöhreti de umurlarında değildi. Canları ne isterse onu yaparlar, kimse de gık diyemezdi. Kendisini Guantanamo'da turuncu bir kostüm içinde ot yolarken düşünmekten yoruldu ve pencereye dönüp karlı tarlaya konan kargaları saymaya başladı. Hava yavaş yavaş kararıyordu.

Tarlaya on bir karga konup tekrar havalanmıştı ki kapı çalındı. Bu münasebetsiz kibarlık güldürdü Berkay'ı: "Müsaitim, girebilirsiniz!"

Kapı açılınca Berkay gözlerine inanamadı: Natalie Portman karşısında duruyordu.

Onu görünce ayağa kalktı Berkay. Daha doğrusu, kendisini ayağa kalkmış buldu. Titreme falan kalmamıştı. Natalie altı adımda masanın diğer ucuna geldi ve elini uzattı: "Natalie."

Berkay elini uzattı ve adını söyledi. Natalie şimdi filmlerinde canlandırdığı kadınlara benzemediği gibi mülteci kampındaki Natalie'ye de benzemiyordu. Saçını atkuyruğu yapmış, siyah boğazlı kazak giymişti. Olgun, ne yaptığını bilen bir kadın vardı Berkay'ın karşısında. Feleğin çemberinden epey önce geçmiş insanlar gibi bakıyordu. "İngilizce biliyor musunuz?"

"E... Evet" dedi Berkay, İngilizce.

"Biraz Arapça öğrenmeyi başardım ama Türkçe bilmiyorum maalesef. Umarım kusuruma bakmazsınız."

"Önemli değil".

"Oturalım mı?"

Karşılıklı oturdular. Natalie kollarını masaya koydu, elinde bir kâğıt mendil vardı. Berkay'ın gözlerine bakarak konuştu. "Lütfen ağabeyleriniz için taziyemi kabul edin. Benim yüzümden hayatlarını kaybettiler."

"Onlar kaderlerinin kurbanı oldular" dedi Berkay. "Siz olmasanız da kendilerini öldürtmenin bir yolunu bulurlardı."

"Kadere inanır mısınız?"

"Ne yalan söyleyeyim, bir dakikadır inanıyorum."

"Bizim kader anlayışımız sizinkinden çok farklı değil. Hepimizi aşan bir gücün varlığına inanmak insanı rahatlatıyor."

Etrafında gezegenlerin döndüğü bir yıldız gibi değil, sıradan bir Ortadoğulu gibi söylemişti bunları. Berkay o zaman karşısındakinin Natalie Portman değil Natalie Herşlag olduğunu anladı. Bunun verdiği cesaretle de hikâyesini anlatmaya girişti. Kendisinden aldığını sandığı mesajlar ve rüyalar sayesinde dünyayı fethedecek roman yazma arzusuna nasıl kapıldığını. Anadolu yolculuğuna nasıl çıktığını. Herkesten nasıl deli muamelesi gördüğünü. Mülteci kampına gelişini. Natalie gözlerini Berkay'ın gözlerinden hiç ayırmadan, sadece uzun kirpiklerini kırpıştırıp kâğıt mendili küçük parçalara ayırarak dinledi. Bitirince de başını eğip güldü.

"Özür dilerim" dedi sonra. "Lütfen yanlış anlamayın."

"Rica ederim. Biri anlatsa herhalde bana da garip gelirdi."

"Hayır, garip olan şu. Siz beni hiç tanımadan böyle bir işe giriştiniz. Aslında kim olduğumu bilmeden. Ağabeyleriniz, öbür adam ve onları tutan örgüt de kim olduğumu bilmeden beni öldürmek istedi. Bazen merak ediyorum, insanların ben sandıkları kim?"

"Aragon'un sözü müydü bu?"

"Galiba... Ama bana öyle geliyor ki kim olduğum aslında kimsenin umurunda değil. Hatta sizin kim olduğunuz da. Kimse kimsenin aslında kim olduğuyla ilgilenmiyor. Sadece hepimiz kendi oyunlarımızı oynuyoruz."

"Korkarım haklısınız" dedi Berkay.

"Haksız olmayı nasıl isterdim anlatamam."

"Buralara geldiğinize pişman mısınız?"

"Tabii ki hayır" dedi Natalie, kaşlarını çatıp. "Ben Ortadoğuluyum. Bunu tek bir gün bile inkâr etmedim. Biraz güce sahipsem bunu buradaki Müslümanların ve Yahudilerin iyiliği için kullanmak isterim. Şimdilik tek yapabildiğim şu Birleşmiş Milletler tiyatrosunda rol almak. İyi niyet elçilerinin aslında hiçbir boka yaramadığının farkındayım ama bir yerden başlamak gerek."

"Devam edeceksiniz yani."

"Elbette. Şimdi vazgeçersem bu barış isteyenler için moral bozucu olur. Yarın Reyhanlı'daki öbür kampa gideceğim. Hatta diğer kamplara da."

"Padme Amidala da herhalde böyle yapardı" dedi Berkay, yaptığı espriden anında iğrenerek.

Aktrist anlayışla gülümsedi. "Padme safın teki. Ben onun gibi değilim. Ama Matilda derseniz evet, o aynen böyle yapar herhalde."

Kapı aralandı ve siyahi korumanın iri bir kavuna benzeyen başı göründü. "Bayan Portman, hareket etmemiz gerekiyor."

"İşte Böyle Bay Uysal..." diyerek ayağa kalktı Natalie. "Her güzel şeyin bir sonu var. Size hayatımı borçluyum ve bunu hiç unutmayacağım."

"Bir saniye..." dedi Berkay ve cebinden Turabi'nin hikâyesini yazdığı defteri çıkardı. "Bunu size vermek istiyorum. İleride bir gün Türkçe bir şey okumak istersiniz belki."

"Nedir bu?"

"Katilinizin hikâyesi."

Natale Portman gittikten sonra Berkay etrafına bakındı. Neydi bu şimdi? Yıllardır gördüğü rüyalardan biri daha mı? Ama ufalanmış mendilin parçaları masanın üstünde duruyordu işte. Hepsini toplayıp cebine attı. "Keşke daha anlamlı bir hatıra isteseydim" diye düşündü.

Amerikalı görevliler gitmekte serbest olduğunu söyleyip el koydukları telefonunu ve cüzdanını geri verdiler. Binanın bahçesine çıktığında burasının bir ilkokul olduğunu fark etti. Hava kararmıştı, etrafta yoksul kasaba evleri, küçük bir cami ve dar sokaklar vardı. Atakan Yontuç kırık bir basket potasının direğine yaslanmış sigara içiyordu. Berkay'a el salladı, arabasına binip Hatay havaalanına doğru yola çıktılar.

Yolda telefonu açtığında hepsi de karısından on iki cevapsız çağrı buldu. Daha ilk çalıştan sonra duyuldu Zeynep'in sesi. "Neredesin be adam, deli oldum meraktan!"

"Özür dilerim, bir arkadaşla toplantıdaydım."

"Ona ne şüphe! Bütün haber bültenleri senden bahsediyor. Üstelik sadece yerli kanallar değil!"

"Beni boş ver, sen nasılsın?"

"İyiyim, telefonlara yetişmeye çalışıyorum. CNN International'dan Christiane Amanpour bile aradı. Galiba şu an Orhan Pamuk'tan daha meşhursun. İnşallah bu arada o dünyayı fethedecek romanı yazmışsındır!"

"Pek sayılmaz..." dedi Berkay, arabayı kullanan Atakan duymasın diye sesini alçaltarak. "Ama aklıma harika bir aşk romanı fikri geldi!"